海南东寨港红树林湿地咸淡水交互过程及生源要素循环

甘义群　彭　康　严　璐　邓娅敏　谢先军　著

科　学　出　版　社

北　京

内 容 简 介

本书以海南东寨港红树林湿地为典型研究区，从咸淡水交互作用及其驱动的生源要素循环视角，系统研究红树林湿地生态环境的演化机制及修复策略。全书结合遥感解译、水文-生物地球化学综合监测与数值模拟，重点探讨红树林湿地动态变迁、沉积环境演化、咸淡水交互过程及其驱动的地下水排泄特征，量化关键生源要素（碳、氮、硫等）的迁移转化规律与循环通量，并分析自然与人类活动对红树林湿地系统稳定性的影响。本书在理论分析与技术方法上均有所创新，提出针对红树林湿地生态系统退化的综合治理与修复策略，为滨海湿地保护与可持续发展提供重要参考。

本书可供从事环境科学、水文地质学、生物地球化学及生态学领域研究的科研人员使用，也适合高校环境工程、生态学、地质学等相关专业的学生阅读参考。同时，对于从事湿地保护与管理的技术人员和政策制定者，本书也具有重要的指导意义。

图书在版编目（CIP）数据

海南东寨港红树林湿地咸淡水交互过程及生源要素循环 / 甘义群等著.
北京：科学出版社，2025.3. — ISBN 978-7-03-080905-6

I. P731.26；S796

中国国家版本馆 CIP 数据核字第 20243J5T51 号

责任编辑：徐雁秋/责任校对：高 嵘
责任印制：徐晓晨/封面设计：苏 波

科学出版社 出版
北京东黄城根北街 16 号
邮政编码：100717
http://www.sciencep.com
北京建宏印刷有限公司印刷
科学出版社发行　各地新华书店经销

*

开本：787×1092　1/16
2025 年 3 月第 一 版　印张：12 1/4
2025 年 3 月第一次印刷　字数：300 000
定价：168.00 元
（如有印装质量问题，我社负责调换）

序

　　红树林湿地是滨海生态系统的重要组成部分，在维持生物多样性、固碳储碳、提供生态服务等方面发挥着不可替代的作用。然而，在气候、地质、潮汐、水文等自然因素和养殖、农业、旅游等人类活动的双重影响下，红树林湿地面临生态功能退化、生物多样性下降等前所未有的挑战。

　　在海陆交互过渡地带，海水与地表径流、地下水等发生相互作用，形成复杂的咸淡水混合区。这一过程不仅影响红树林湿地的水盐动态，还决定着红树林湿地的物质和能量循环。咸淡水交互过程驱动的生源要素（碳、铁、硫、氮、磷等）循环更是影响红树林生长发育的重要因素，并使其成为研究红树林湿地生态健康的关键环节。从水文地质学视角系统探究地下水对维持红树林湿地生态系统健康的重要作用，对于科学保护这一珍贵资源显得尤为重要。这部专著基于这一背景应运而生。

　　本书立足于红树林湿地的保护与修复重大需求，借助于遥感、多水平监测、地球化学分析、高通量测序、反应运移模拟等多学科研究手段，实现从点到面、从现象到机理、从宏观到微观、从理论到技术的层层递进，全面剖析海南东寨港红树林湿地的生态特性、咸淡水交互过程、生源要素循环机制，丰富和完善滨海红树林湿地调查的理论与方法，特别是精细刻画海底地下水排泄这一关键水文过程对湿地生源要素循环的驱动作用，通过构建红树林湿地水文地球化学动态演化模型，揭示自然过程与人类活动对红树林生态系统的综合影响机制，为理解红树林湿地生态系统的物质与能量循环提供新的视角，具有重要的学术价值。与此同时，本书针对海南东寨港红树林湿地还提出一系列科学合理的保护和管理措施，不仅有助于维护海南东寨港红树林湿地的生态健康，也为其他红树林湿地的保护和管理提供宝贵的经验。

今天，全球正面临前所未有的环境与生态挑战，红树林湿地不仅是重要的生态屏障，还是生物多样性的宝库和碳汇的重要载体。我相信，这部专著的出版将有力推动红树林湿地的跨学科深入研究，为红树林湿地的保护和管理事业做出积极贡献，为生态文明建设、实现人与自然和谐共生贡献智慧和力量。

中国科学院院士 王焰新

2024 年 12 月

前　言

　　红树林湿地是滨海生态系统中重要的生态屏障和生物多样性保护地，具有防风固沙、净化水质、调节气候等多种生态服务功能。然而，随着气候变化和人类活动的加剧，红树林湿地面积萎缩、生境退化等问题日益凸显。海南东寨港红树林湿地是我国面积最大、保存最完整的红树林分布区，近年来研究团队在该区域开展研究工作并取得进展，围绕红树林湿地的保护与修复重大需求，聚焦咸淡水交互作用及其驱动的生源要素循环过程，构建了红树林湿地水文地球化学动态演化模型，揭示了自然过程与人类活动对红树林湿地生态系统的综合影响机制，提出了红树林湿地生态系统健康诊断评估方法体系及保护修复对策建议。

　　全书共分为 8 章，第 1 章简单介绍红树林湿地研究背景意义、研究现状与发展趋势等；第 2 章从时间尺度和空间维度重建红树林湿地的动态变迁过程，分析百年尺度上沉积环境演化对红树林分布的影响机制；第 3 章围绕咸淡水交互作用的水文地球化学过程，结合水化学监测数据和数值模拟，量化红树林湿地水文动态及盐度分布特征；第 4 章从地下水排泄的视角，探讨地下水与地表水相互作用及其对红树林湿地生源要素循环的驱动机制；第 5 章聚焦溶解性有机质（DOM）的迁移转化过程，基于高分辨质谱技术刻画红树林湿地 DOM 的空间分布与组成特征；第 6 章通过微生物组学和功能基因分析，揭示氮、硫等关键生源要素在红树林湿地的迁移转化规律及其生态意义；第 7 章构建反应-运移模型，定量分析地下水排泄驱动的生源要素循环通量，并评估人类活动和生态因子对红树林湿地系统稳定性的影响；第 8 章从红树林湿地健康评价入手，提出生态保护及修复的具体对策。具体写作分工如下：前言、第 1、2 章由甘义群、谢先军执笔，第 3 章由彭康、谢先军执笔，第 4 章由甘义群执笔，第 5、6 章由严璐、邓娅敏执笔，第 7 章由彭康、甘义群执笔，第 8 章由严璐、甘义群执笔，全书由甘义群统稿。在撰写过程中，博士后张婧玮、博士生王志强提供了协助，在此表示感谢。

　　本专著的有关研究工作得到了中国地质调查局项目（DD20190304）、国家自然科学基金地质联合基金重点项目（U2244225），以及教育部高等学校学科创新引智计划项目（B18049）的资助。

本项工作和本专著的出版，得到了中国地质大学（武汉）王焰新院士的关心、指导和大力支持，同时也得到了中国地质调查局武汉地质调查中心黎清华研究员的帮助和关注，在此一并表示衷心的感谢。

　　由于著者的水平限制，书中难免存在不足之处，恳请同行专家和广大读者批评指正，以便进一步修改和完善，共同推动滨海红树林湿地相关研究的发展。

甘义群

2024 年 12 月 21 日

目　录

▶ 第1章

绪　论

1.1　红树林研究背景与意义

红树林是生长于热带亚热带海岸潮间带、受到海水周期性浸没的木本植物群落，在改善海湾环境、防浪护堤、净化污染和保护湿地多样性等方面发挥着不可替代的作用。海南省拥有我国分布面积最大的红树林，植物群落结构丰富多样且生态价值高。近年来由于全球气候变化海平面上升、城市化建设与自然资源无序开发，红树林湿地受到自然因素和人类活动双重胁迫，面临生境破坏、面积衰减、生态服务功能退化的困境。

海平面变化、泥沙淤积、咸淡水交互作用是影响红树林生长发育的主要自然过程。近年来，伴随快速城市化建设与经济发展，水土污染、围塘养殖、港口建设、水上运输等强烈人类活动造成的环境破坏对红树林湿地资源也构成了巨大的威胁。在自然因素和人类活动共同影响下，红树林湿地通过水体循环，不断与周围环境进行物质和能量交换，从而驱动其景观格局演变、元素循环、生物生长并维持其生态功能的运转。其中，海水对陆地地下淡水的入侵，以及地下水排泄对咸水生态系统的影响是主要的海陆交互界面过程，淡水与咸水交汇形成的混合带对红树林湿地生物地球化学循环过程具有重要意义。

由于淡水和咸水混合，潮间带具有显著的地球化学梯度，并驱动着物质的生物地球化学循环。红树林湿地含水层中的生物地球化学循环包括溶解性有机质（dissolved organic matter，DOM）的降解，以及微生物参与的有氧呼吸、硝化与反硝化、厌氧氨氧化、硫还原、铁氧化还原等多种过程。在水力梯度驱动下，地下淡水进入红树林湿地含水层，与由于潮汐和波浪作用而渗入海滩的海水混合。潮间带的海水从涨潮的最高标志处向下流动，沿海滩底部向海洋排泄。咸水环流单元向海延伸的范围通常被一个在低潮点附近排泄的地下淡水区域包围；在更远的海域，密度梯度驱动着盐水沿着低盐水-淡水界面循环。周期性的海水-地下水交互作用驱动陆源生源要素（C、N、S）、重金属（Cd、Hg、Pb、Cr、Cu、Ni、Zn、As[①]、Fe）、有机污染物[抗生素、多环芳烃（polycyclic aromatic hydrocarbons，PAHs）、多氯联苯（polychlorinated biphenyls，PCBs）、总石油烃（total petroleum hydrocarbons，TPHs）和有机氯农药（organochlorine pesticides，OCPs）]等物质在红树林湿地系统中输移，均会对红树林湿地系统的演化造成不同程度的影响。从咸淡水交互作用及其驱动的生源要素循环的视角，系统研究红树林湿地地下水排泄驱动的

---

① As 为非金属，在环境污染中视为重金属类别。

生源要素循环过程，对红树林湿地的生态保护和可持续发展至关重要。

因此，本书研究通过遥感技术与水-土-生多圈层相互作用的综合监测，建立红树林湿地生态环境监测体系，以系统评估自然过程与人类活动对红树林湿地系统演化的影响，深入揭示红树林湿地含水层咸淡水交互及地下水排泄特征。同时，识别并量化影响湿地系统稳定性的关键生源要素的迁移与转化动态过程，为红树林湿地退化及生态敏感区域的环境治理与修复提供地球系统科学视角的科学依据，进一步推动红树林湿地的生态保护与可持续发展。

1.2　红树林湿地研究现状与发展趋势

国内外关于红树林湿地系统的水文、环境及生态方面的科学研究工作主要包括以下几个内容。

1.2.1　红树林湿地生态环境影响因素

1. 水动力过程对红树林湿地生态环境的影响机制

红树林湿地广泛发育在陆地和海洋生态系统的过渡带，其对于维护海陆生态系统的平衡起到至关重要的作用（图1.1）。近几十年来，随着全球气候变暖，海平面上升是导致全球红树林面积损失、生态不断退化的主要因素，因此明确红树林地区的水动力过程是全面了解红树林湿地生态退化机理的基础。红树林分布区的水动力效应主要受潮汐、波浪、水流流速和悬浮泥沙浓度的影响。旱季红树林地区水动力过程的主控因素是波浪，造成光滩区积累更多的悬浮泥沙淤流，进而导致红树林生长区侵蚀。雨季的主控因素是河口和光滩区的径流流速。监测水动力过程，有利于量化红树林地区泥沙剥蚀淤积速率，判断现阶段海岸带的发育趋势；通过获取不同时空尺度的潮汐水动力数据，评估红树林的固土稳沙效益；建立红树林湿地水动力条件模型，为红树林湿地生态系统合理保护提供参考。

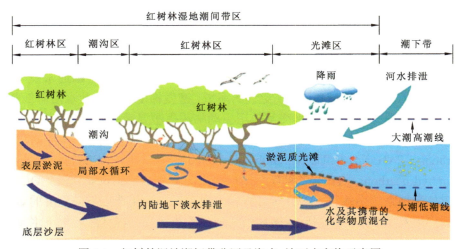

图1.1　红树林湿地潮间带分区及海水-地下水交换示意图

2. 营养元素对红树林湿地健康的影响机制

红树林湿地的营养元素循环主要受周期性的海水-地下水交换作用的驱动，从而发挥其作为海岸带"化学反应器"固定、转化或去除陆源营养元素的功能。随着沿海地区城市扩张、港口建设、水产养殖及围垦等人类活动的强度不断加大，红树林湿地遭到破坏，面积急剧减少，其原本储存的大量有机碳将以 CO_2 的形式进入大气，红树林湿地由碳汇转为碳源，加重温室效应。潮间带的总有机碳（total organic carbon，TOC）负荷主要来源于污水输入，溶解性有机碳（dissolved organic carbon，DOC）负荷主要来源于养殖池及虾和鱼池的废水以及浮游植物，有机颗粒碳负荷主要来源于现场生产、垃圾、土壤有机质、沉积岩或污水。查明各类营养物质来源和负荷对改善红树林生态至关重要。

水产养殖作为一个直接营养来源，对红树林地区的养分吸收产生直接影响，从而影响红树林湿地的营养元素通量。富营养化会引起微生物和藻类的过度生长和繁殖，大量消耗水体和沉积物中的溶解氧（dissolved oxygen，DO）。当溶解氧耗尽后，有机物在厌氧条件下分解，释放出甲烷、硫化氢、氨等，对红树植物的呼吸根和幼苗的正常发育产生阻滞作用，甚至导致幼苗的窒息死亡。海南东寨港红树林自然保护区虽然备受保护，但水产养殖活动范围越来越大，严重影响了红树林的生长发育。

3. 盐度对红树林植物的影响机制

盐度是红树林早期建立和发展最重要的影响因素之一，也是限制红树生长和生产率的主要环境因素。大量研究证明红树在含有 5%～75%海水的水体中生存时有最优生长率，具体取决于红树的种类和红树整个生命周期的不同阶段，如幼苗的生长和生理机能最适宜的盐度范围为 3～27 psu（practical salinity unit，实用盐度单位）。一般情况下，盐度过高会促进植物的呼吸作用，由于淡水摄入减少会抑制红树生长，叶片面积减小；盐度过低则会导致红树林群落面临淡水植物的竞争。此外，pH 和盐度的变化影响红树林湿地及植物体内重金属的迁移性和可利用性，当重金属和其他污染物浓度过高时，对红树植物及其系统内生物产生威胁。目前的研究主要围绕盐胁迫对红树植物生态生理结构的影响效应和红树植物的耐盐性开展，缺乏盐度变化对红树林湿地生态影响机理的深入探究。

4. 人为因素对红树林湿地的影响

受经济利益驱动，红树林保护区周边普遍存在填海造田、毁林围垦进行高位养殖等行为，严重破坏红树生长环境。同时，保护区内居民生活废水、工业废水和未经处理的养殖污水直接排放，对保护区的生物造成一定的威胁，影响了红树林的生长。研究显示，生活污水排放带来的营养元素富集在一定范围内或能促进红树林植物的生长，特别是在底泥营养水平较低的地区。然而，这一过程也可能削弱红树林植物叶片的光合作用，降低叶绿素浓度及酶活性，而有机质的过量输入还可能引发底泥氧化-还原电势的失衡。此外，尽管红树林湿地中的土壤对工业废水中的重金属具有较强的吸附固定能力，对环境中重金属的去除具有积极意义，但红树林植物吸收的重金属大多积累在根部，对植物的生长会造成较明显的不良影响。

1.2.2 红树林湿地环境污染特征

1. 红树林湿地系统中重金属的污染特征及成因机制

针对红树林湿地中的 Cd、Cr、Ni、Cu、Zn、As、Pb、Hg、Co、Fe、Mn 和 V 等重金属已开展了不同程度的研究，其中 Cd 含量存在升高的趋势，主要来源为人为活动（如附近流域使用的磷肥）和成岩作用；As、Pb 主要来源于人类活动主导的不同输入源或途径（煤矿燃煤活动和气溶胶沉降等）；Cr、Ni、Cu 和 Zn 主要为天然来源。海南岛东部的红树林沉积物中重金属污染物主要的是 Cr 和 As；万泉河中 Fe、Pb 和 Co 存在季节变化规律，Fe、Pb 在雨季高旱季低，而 Co 的季节变化规律则恰好相反。

近年来，海南岛经济建设的快速推进，尤其是水产养殖活动，显著增加了红树林湿地中的重金属负荷。重金属的过量积累会对红树植物根系的生长和呼吸造成压力，且能通过蒸腾作用传导至叶片加速叶片老化，进而抑制红树的生长。研究结果普遍显示，目前海南岛东部红树林沉积物中的重金属仍处于轻度至中度污染水平，但含量呈现出逐渐上升的趋势。因此，亟待加强对红树林湿地中重金属含量的长期监测，并适当提高监测频率和精度，以评估和应对潜在的生态风险。

2. 红树林湿地系统中有机污染物的分布特征及成因机制

红树林湿地有机污染物的研究主要包括沉积物和水体中的多环芳烃、多氯联苯、总石油烃和有机氯农药。大量研究表明，处于海陆交互区的红树林湿地是陆源有机污染物重要的吸收和累积场所。化石燃料的燃烧、含 Pb 汽油尾气的排放、生活污水和工业污水的排放及农田溢流是有机污染物进入湿地沉积物环境的主要途径。农药和芳烃类污染物会吸附在悬浮颗粒物表面，随水体迁移到红树生长区，通过生物富集进入红树植物。河口和近海的油品污染对红树植物的伤害主要表现为呼吸根因皮孔堵塞、供氧不足而坏死。

当前，针对红树林湿地中有机污染物的含量分布特征及溯源，尤其是有机污染物在沉积物-水体-红树植物之间的迁移转化工作缺乏系统深入的研究。因此，识别红树林湿地系统中有机污染物迁移转化规律，阐明有机污染物影响红树林生长发育的作用机制，探讨其主要的环境效应，对红树林退化及敏感生态区域污染治理和生态修复提供科学的决策建议具有重要理论和现实意义。

综上所述，已有研究存在如下三点不足。

（1）大多红树林的生长发育研究是基于单一学科的植物生态学研究或遥感调查，将红树林湿地水-土-生多要素作为一个整体的系统性跨学科研究略显不足。

（2）以往调查大多围绕地表水的水动力条件和盐度、有益有害组分等环境要素对红树林生长发育的影响等方面开展，多集中于单一环境或介质，未考虑海水-地表水-地下水-土壤（沉积物）多界面环境过程。

（3）当前缺乏基于地球系统科学视角的红树林演化规律与生态保护的研究，在充分考虑影响红树林发育的自然过程与人为活动、构建生源要素多界面综合监测网络、模拟海水-地下水交互过程、量化地下水排泄驱动的生源要素循环通量等方面的相关工作亟待加强。

1.3 本书研究思路与内容

1.3.1 研究思路

　　针对红树林湿地保护与生态修复的重大需求，从咸淡水交互作用及其驱动的生源要素循环的角度，本书选取海南东寨港红树湿地作为典型研究区，开展红树林湿地咸淡水交互带的水文-生物地球化学调查、监测与模拟，基于遥感技术与水-土-生多圈层相互作用综合监测，构建红树林湿地生态环境监测网络，探究自然过程和人类活动对海南岛红树林湿地系统演化的影响，查明红树林湿地含水层咸淡水交互过程及地下水排泄模式，识别影响红树林湿地系统稳定性的关键生源要素迁移转化过程，量化红树林湿地地下水排泄驱动的生源要素循环通量，为红树林湿地系统退化及敏感区域的生态环境综合治理与修复提出地球系统科学对策，为海岸带生态保护与可持续发展提供重要支撑。

　　本书研究的技术路线如图 1.2 所示。

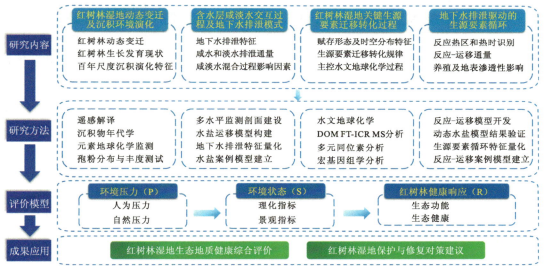

图 1.2　研究技术路线图

1.3.2 研究内容

1. 红树林湿地动态变迁及沉积环境演化特征

　　通过遥感解译技术获取红树林湿地近四十年的动态变化，进一步结合第四纪沉积演化研究恢复百年尺度的演化与环境变迁历史，重建红树林的出现、兴替及消亡演化过程，识别影响红树林演变的生态环境因子，揭示限制红树林分布与发育的生源要素，厘清红树林生态格局与历史演化特征。

2. 红树林湿地含水层咸淡水交互过程及地下水排泄模式

基于红树林湿地监测剖面地形、水文气象、水文地质结构及多期次监测数据，利用 PFLOTRAN 代码建立考虑潮汐波动的变饱和变密度水盐运移模型，识别红树林湿地监测剖面地下水排泄特征，量化海底地下水排泄（submarine groundwater discharge，SGD）通量，并运用基准水盐运移模型定量研究红树林湿地潮间带地形、潮汐振幅、内陆地下水水位、含水层结构及渗透性对咸淡水交互过程的影响。

3. 红树林湿地关键生源要素迁移转化过程

针对红树林湿地系统中碳、氮、硫等关键生源要素，结合高分辨质谱、三维荧光光谱和微生物组学证据，查明咸淡水交互过程中生源要素的赋存形态及时空分布特征，刻画生源要素的多介质、多形态、多界面迁移转化规律，以及主控因子和微观机理，揭示变盐度环境中生源要素的水文-生物地球化学过程。

4. 红树林湿地地下水排泄驱动的生源要素循环

在水盐运移模型的基础上，耦合红树林湿地含水层生源要素循环中主要的生物地球化学过程，构建等效的生源要素反应-运移模型，识别各生源要素反应热区和热时，量化红树林湿地含水层系统中生源要素的反应-运移通量，进一步探究高位养殖活动和红树林湿地表层渗透性等因素对生源要素迁移转化的影响。

▶ 第2章

红树林湿地动态变迁及沉积环境演化

全新世以来的红树林分布主要受气候和海平面共同控制，全新世中后期人类活动开始对红树林产生影响。20世纪中叶以来，人类活动对红树林的影响加剧，主要表现在红树林面积的大规模减少和红树林生态功能的急剧退化（Nguyen et al., 2021；O'Donnell et al., 2020）。若人类对红树林的破坏持续加剧，在未来100年内，红树林在全球范围内提供的生态功能将会全部丧失（Duke et al., 2007）。考虑到红树林湿地的重要性和红树林的生态环境现状，亟须采取措施保护红树林生态系统。

对地质历史时期红树林动态演化过程的重建有助于确定当前红树林的扩张、收缩和消亡规律（Tamura et al., 2009），有助于对气候变化下的海岸带红树林演化进行有效建模（Bozi et al., 2021）。海南东寨港于1605年琼州大地震时期由地震沉陷而形成（Huang et al., 2018），研究表明，如若海平面在过去千年尺度上没有大的变化，可以确定内湾即东寨港地震沉陷的幅度在2.0 m左右（Yan et al., 2021）。沿海多第四纪松散层，琼北地区则为大片玄武岩，其风化的细粒冲积物形成了红树林生长最适宜的滨海盐土基质，港内潮间带的咸淡水交互环境也使得红树林可广泛发育。然而，红树林于东寨港的最早发育时间尚无界定，此外，对东寨港红树林自出现以来的区域沉积过程及其对红树林湿地演化的影响也缺乏研究。

钻孔岩心记录了不同时间尺度下区域沉积环境、植被分布和气候水文条件等特征（He et al., 2022；Ellison, 2008）。基于对红树林湿地沉积环境演化的研究，不仅可以恢复地质历史时期东寨港的红树林演化与环境变迁过程，还可以识别影响红树林演变的生态环境因子。因此，本章旨在重建东寨港红树林湿地沉积演化过程，探索红树林的出现、兴替及消亡过程，进一步揭示限制红树林分布与发育的生态地质要素，为海南红树林生态保护与修复提供地学决策建议。

2.1 研究区概况

2.1.1 红树林分布特征

海南东寨港红树林区域面积广阔、种类繁多，是我国最重要的红树林分布区之一。东寨港红树林面积多年来一直发生动态变化，1959年东寨港原生红树林面积为

32.138 km^2；到 1989 年，红树林面积减少到 16.578 km^2，为最初面积的 51.58%；从 1986 年东寨港红树林国家级自然保护区的建立到 1996 年，红树林面积增加了 3.61 km^2；之后由于工业、旅游业和养殖业的开发，到 2002 年红树林面积减少到 15.526 km^2，到 2019 年又增加至 17.710 km^2（图 2.1）。

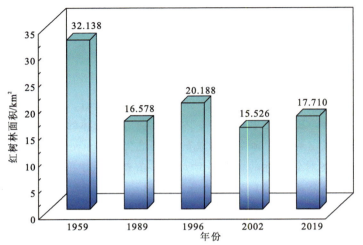

图 2.1　海南东寨港红树林分布面积随时间变化示意图

东寨港红树林湿地内生长着全国成片面积最大、种类齐全、保存最完整的红树林，共有红树植物 16 科 32 种，其中水椰、红榄李、海南海桑、卵叶海桑、拟海桑、木果楝、红海兰、尖叶卤蕨为珍贵树种，海南海桑和尖叶卤蕨为海南特有。研究区内主要红树林群落有木榄群落、海莲群落、角果木群落、海榄雌群落、秋茄树群落、红海兰群落、水椰群落、卤蕨群落、蜡烛果群落、榄李群落、红海兰+角果木群落、角果木+黄槿群落、海桑+秋茄树群落，由于人类活动等因素的干扰，研究区内红树林呈现较为明显的退化趋势，其退化程度由重到轻依次为：木榄＞海莲＞秋茄树＞红海兰。此外，研究区内拥有丰富的物种资源，区内已记录鸟类 208 种、软体动物 115 种、鱼类 160 种、虾类 40 多种、蟹类 60 多种。

2.1.2　区域自然地理概况

1. 地理位置

东寨港红树林湿地处海南省东北部，位于海口市美兰区演丰镇，地理坐标为 110°32′E～110°37′E，19°51′N～20°01′N，距离海口市市区 32 km，研究区位置见图 2.2（Wang et al.，2022b）。东寨港形状似漏斗，是楔入陆地的半封闭的港湾式潟湖，东寨港红树林湿地北部通过"漏斗口"连接琼州海峡，港湾内海流平缓，东南西方向分别有 4 条河流注入港湾内，为港湾带来了大量的沉积物，为红树林的生长提供了天然的适宜场所，成为各种红树植物生长的天堂。

图 2.2　研究区位置图

2. 地貌类型

研究区地貌类型主要分为火山地貌、河流地貌和海成地貌 3 大类。

火山地貌：研究区火山地貌主要分布于东寨港西侧的演丰—三江一带，由火山锥、火山熔岩台地组成。其中研究区外侧西南部的岭脚岭为火山锥，其海拔 100.08 m，为江东新区内最高点。岭脚岭一带具有较明显的台缘、台面，台缘陡缓不一，台面为向四周略倾的平坦斜面。研究区内大部分的火山熔岩台区地形较平缓，主要由第四纪的玄武岩和凝灰岩组成，且由于长期风化作用，表面已普遍红土化。

河流地貌：研究区内河流地貌主要为冲洪积平原，由一级阶地和河漫滩组成，在研究区内分布较为稀少，仅分布于东南侧及东北侧一角。一级阶地由粉土质砂、砂质黏土、砂砾组成，二元结构不明显，阶面平坦，前缘常直逼河岸，遭受河流侵蚀，造成崩塌现象，形成陡坎或陡坡。河漫滩以中粗砂和中细砂为主，上游为砂砾，地形平坦。

海成地貌：研究区海成地貌主要为滨海堆积平原，分布于北部铺前大桥及东寨港东岸铺前镇—三江镇一带，属于海成一级阶地，主要由全新统滨海相堆积层的细砂、粉细砂组成。地势总体向海倾斜，地面标高一般小于 5 m。

3. 气象水文条件

东寨港红树林湿地地处北回归线以南区域，属于热带季风气候，极端温差范围为 3～

37.5 ℃，年均气温 23.0 ℃（Fu et al.，2019），其中 1 月平均气温 17.1 ℃，7 月平均气温 28.4 ℃，海水表层年均温度 24.5 ℃，多年的平均日照时间 2 200 h；年平均降雨量 1 816 mm，超过三分之二的雨量集中在夏秋季节，是干湿季节分明的地区，年平均蒸发量约 1 831 mm；太阳年辐射量约 253 kJ/cm^2。东寨港的潮汐类型为不规则半日潮，海南省属于季风区，因此波浪与季节有着密切的关联，例如冬季主要盛行东北风，故冬季以东北向风浪为主，热带气旋季节带来的更强的风力，其影响的区域主要是北部（包括东寨港）和东部海岸。

4. 区域地质背景

1）地层岩性

研究区内仅见第四系地层出露，分别是下更新统、中更新统、全新统岩层。其具体分布如下。

下更新统秀英组（Qp$_1$x）：仅于梅坡大村附近出露。为潟湖相沉积层，中上部为杂色黏土、黏土质砂夹浅灰色砂，下部为浅灰色砂砾石、砂等。厚度为 1～38 m。

中更新统北海组（Qp$_2$b）：主要分布于研究区范围内的东南角一侧，岩性主要为褐红色含砾黏土质砂、含砾粗砂等。厚度为 1.1～17 m。

上全新统海相沉积（Qh$_3$y）：在研究区大量分布，主要分布于东寨港东侧、东南侧一带及演丰镇东侧部分区域，为滨海堆积的粉细砂、含砾中粗砂、淤泥质砂、粉质黏土等。厚度为 2.2～12.4 m。

全新统未分组（Qh）：主要分布于研究区东北侧，为冲洪积成因的粉质黏土、黏土、黏土质砂、砂；厚度为 1.3～29 m。

2）地质构造

江东新区在漫长的地质历史发展过程中经历了多期次的构造运动，形成东西向、南北向、北西向和北东向等主要构造体系相互交织的复合构造格局。江东新区所处的琼北地区，系"雷琼坳陷"之南缘，地处华南大陆边缘新生代构造运动强烈地区，其断陷的形成和发展受近东西向的王五—文教断裂控制。在断陷的形成和发展过程中，从南至北形成一系列近东西向的断裂。这些断裂的活动致使该区从南向北逐级下降，形成近东西向台阶式盆地，由于复活和新生代的北西走向断裂的参与，又将其切割成北西向的条块。上新世末期，海侵结束，盆地封闭，并出现短期隆起，使下更新统秀英组平行不整合于下伏地层之上。

研究工作区位于江东新区东侧东寨港附近，存在有马裒—铺前断裂带（F3）及铺前—清澜断裂带（F5）两条断裂带。

马裒—铺前断裂带（F3）：呈近东西向横穿研究工作区中部，已知长度达 100 km，经过澄迈、海口、铺前，倾向北北东；在布格重力异常图上显示为梯级带。该断裂形成于白垩纪末，错断了古近系及其以前的深部地层或岩石，表现为挠曲构造。沿该断裂历史上曾发生多次地震，如有记录以来的海口、老城、铺前地震，属 1605 年琼州大地震的主要发震断裂，断裂北侧由于断陷而大面积陷落，在铺前湾和东寨港有大批古村下陷沉没海底。

铺前—清澜断裂带（F5）：展布于江东新区东北部清澜湾至琼北铺前湾附近，北西向15°～25°，陆域长度约60 km，在大致坡以北分为东西2支，沿东寨港东西两岸延伸。断裂带构成琼北地区第四纪玄武岩的东侧边界，控制了东寨港和清澜港的发育，并使得东寨港的东海岸和清澜港的西海岸基本平直。该断裂带地表迹象极少，主要隐伏于地下。地表迹象主要分布在东寨港西侧演海后禄村一带，可见下更新统杂色黏土和中更新统玄武岩中发育北西向小断层，表现为构造破碎带，产状245°∠80°，断距数十厘米。该断裂带与区内1605年琼山7.5级地震有关，仍有较强活动性。

2.1.3 区域水文地质条件

研究区内主要赋存第四系松散岩类孔隙潜水、火山岩类孔洞裂隙水和松散-半固结岩类孔隙承压水三大类，其中松散-半固结岩类孔隙承压水根据地下水埋藏条件，在300 m深度范围内可划分为浅层潜水含水系统、中层承压含水系统、深层承压含水系统。

1. 第四系松散岩类孔隙潜水

第四系松散岩类孔隙潜水主要分布于研究工作区铺前大桥—铺前镇—梅坡大村—三江镇冲洪积平原和滨海堆积平原地区，含水层岩性主要为中粗砂、含砾中粗砂、砂砾石、中细砂、砾黏土质砂、含砾粗砂等，含水层厚度一般为5～10 m，最大可达31 m，水位埋深为0～11.9 m，单孔涌水量一般为100～366.8 m³/d，富水性中等。

大气降水是松散岩类孔隙潜水的主要补给来源，滨海堆积层与冲洪积层多为松散的砂类土，有利于接受大气降水的入渗补给，也可接受相邻火山岩类孔洞裂隙水侧向补给。

地下水径流、排泄受地形控制，地势较高的冲洪积平原岩性松散，坡度较大，径流、排泄条件好；海积一级阶地及三角洲地势低平，水力坡度很小，径流、排泄条件差，地下水位埋深较浅，蒸发是地下水排泄的主要方式之一。地下水总体由南往北或向东寨港汇流排泄入海，此外人工开采也是不可忽视的排泄方式。

2. 火山岩类孔洞裂隙水

火山岩类孔洞裂隙水主要分布于塔市—演丰—三江一带，含水层岩性主要为中更新世玄武岩，多呈气孔-微孔状构造，一般裂隙较发育，部分呈闭合状，且一般有不同程度的充填，充填物以铁质和蒙脱石为主，与红土呈互层关系，局部地段底部和中部夹火山碎屑岩。含水层上部多被玄武岩风化形成的粉质黏土（风化红土）覆盖，含水层隔水底板主要为Qp_1x黏土或粉质黏土，局部地段地下水直接与下部微承压水联通。含水层顶板埋深一般为10～18.08 m，厚度为0.9～38.75 m；水位埋深一般为0.8～19.9 m，涌水量一般为110～200 m³/d。

该类裂隙水以大气降水补给为主，其次为灌溉水的下渗补给。地下水径流、排泄条件受地形控制，总体由火山熔岩台地区向冲洪积平原区、东寨港径流入海。地下水在径流过程中，在沟谷低洼处以片流的形式排泄或通过越流补给下部承压水。

3．松散−半固结岩类孔隙承压水

第 1 承压水：赋存于上新统海口组第三段（N_2h^3），平面上，研究区内仅分布于演丰镇—塔市一段。含水岩组岩性主要为灰-灰黄色贝壳碎屑岩、贝壳砂砾岩，钙质胶结。含水岩组顶板埋深为 7.44～38 m，总体自南向北、自东向西埋深逐渐增大，上覆弱透水层为上新统海口组第四段（N_2h^4）灰色黏土或粉质黏土；含水岩组厚度为 0.58～31.2 m，水位埋深一般为 10～20 m，总体自南向北厚度逐渐增大，下伏弱透水层为上新统海口组第二段（N_2h^2）的灰色黏土或粉质黏土；涌水量为 56.7～547 m³/d，富水性中等为主。

第 2 承压水：赋存于上新统海口组第一段（N_2h^1），几乎分布于研究区，近东寨港东侧部分区域无分布。含水层岩性为褐黄色、浅肉红色贝壳砂砾岩、贝壳碎屑岩，以半固结为主，部分呈松散状，钙质胶结为主，贝壳碎屑结构，孔隙和孔洞发育，局部有 1～2 分层，其层间夹砂质黏土、粉质黏土等。含水岩组顶板埋深为 7.89～150 m，上覆弱透水层为 N_2h^2 灰色黏土或粉质黏土；含水岩组厚度为 2.5～57.07 m，水位埋深一般为 10～20 m，总体自南向北、自东向西厚度逐渐增大，下伏弱透水层为上新统海口组第二段（N_2h^2）灰色黏土或粉质黏土；含水岩组涌水量一般为 500～6 697 m³/d，富水性一般丰富。

第 3+4 承压水：赋存于中新统灯楼角组（N_1d），除铺前镇一带外，研究区均有分布。含水岩组的岩性主要为绿色、黄绿色、褐黄色含砾中砂、中粗砂、黏土质中粗砂等，一般有 2～4 层，层间夹粉质黏土、黏土质砂、粉细砂等，弱透水层不稳定，难于截然分开，故统称第 3+4 承压水。含水层的顶、底板为灰色黏土或粉质黏土，顶板埋深一般为 7.89～260.1 m，水位埋深一般为 10～20 m，总体自南向北、自东向西逐渐增大；含水岩组厚度为 0.98～120.12 m，水位埋深总体自南向北变厚；含水岩组涌水量 110.88～6972.9 m³/d，富水性一般丰富。

区内的桂林洋、演丰等地，潜水与承压水间的弱透水层较薄，弱透水层岩性为粉质黏土、含砾粉质黏土、黏土质砂等，潜水位相对高于承压水位，在水头差作用下，越流补给承压水；盆地边缘地带，基岩裂隙水以侧渗方式补给承压水。此外，地下径流总体由南向北、北西和北东方向呈放射状流动，以侧向排泄、垂直越流排泄于琼州海峡、南渡江河口及东寨港。另外，人工开采是区内承压水重要的排泄方式之一。

2.2 红树林动态变迁与发育现状

2.2.1 数据来源及预处理

区域尺度动态监测是红树林遥感监测的重要内容，通过分析对比研究区多期次的土地利用遥感解译结果，掌握研究区红树林湿地在时空上的演化规律，进一步结合研究区地表生态和社会调查数据识别和研究红树林湿地动态驱动力。

本次研究区红树林湿地现状及动态解译工作选用了 1999 年、2009 年和 2019 年共三期 Landsat 系列卫星遥感影像，时间跨度 30 年，每隔十年有一景，可以充分反映研究区三十年来红树林湿地的变化情况。其中 1999 年采用了轨道号为 123/46 的一景 Landsat7 增强型专题制图仪（enhanced thematic mapper plus，ETM+）遥感影像，2009 年采用了 123/46 的一景 Landsat5 专题制图仪（thematic mapper，TM）遥感影像，2019 年采用了轨道号为 123/46 的一景 Landsat8 陆地成像仪（operational land imager，OLI）遥感影像，每一景的影像均为清晰、无云的遥感数据，不同传感器波段信息如表 2.1 所示。

表 2.1 传感器波段信息表

传感器	波段	波长范围/μm	分辨率/m
TM	Band 1	0.45～0.52	30
	Band 2	0.52～0.60	30
	Band 3	0.63～0.69	30
	Band 4	0.76～0.90	30
	Band 5	1.55～1.75	30
	Band 6	10.40～12.50	120
	Band 7	2.08～2.35	30
OLI	Band 1	0.433～0.453	30
	Band 2	0.450～0.515	30
	Band 3	0.525～0.600	30
	Band 4	0.630～0.680	30
	Band 5	0.845～0.885	30
	Band 6	1.560～1.660	30
	Band 7	2.100～2.300	30
	Band 8	0.500～0.680	15
	Band 9	1.360～1.390	30
ETM+	Band 1	0.45～0.51	30
	Band 2	0.52～0.60	30
	Band 3	0.63～0.69	30
	Band 4	0.77～0.90	30
	Band 5	1.55～1.75	30
	Band 6	10.40～12.50	15
	Band 7	2.09～2.35	30
	Band 8	0.52～0.90	30

首先，基于 GDEMV2 30 m 分辨率的数字高程数据对所有遥感影像进行几何校正，保证其他空间误差不超过 1 个像元，然后进行大气校正和辐射定标加工，最后以研究区范围为边界，在 ENVI 5.3 中对三个时期处理好的遥感影像进行边界裁剪，得到研究区三个时期的遥感影像（图 2.3～图 2.5）。

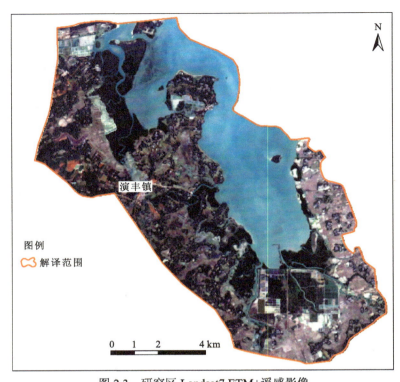

图 2.3　研究区 Landsat7 ETM+遥感影像

红光波段：Band 3；绿光波段：Band 2；蓝光波段：Band 1；解译时间：1999 年 12 月 24 日

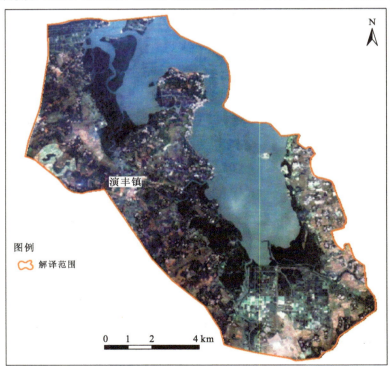

图 2.4　研究区 Landsat5 TM 遥感影像

红光波段：Band 3；绿光波段：Band 2；蓝光波段：Band 1；解译时间：2009 年 10 月 18 日

图 2.5　研究区 Landsat8 OLI 遥感影像

红光波段：Band 3；绿光波段：Band 2；蓝光波段：Band 1；解译时间：2019 年 10 月 18 日

2.2.2　红树林动态遥感解译

　　研究区红树林湿地动态解译工作主要通过土地利用分类的方法开展。为了区分红树林与其他土地利用类型，并进一步讨论影响红树林分布的因素，本次研究界定了七类土地利用类型：红树林、水体、养殖、建筑用地、裸地、耕地和林地，然后基于归一化植被指数（normalized differential vegetation index，NDVI）和淹没红树林指数（inundated mangrove forest index，IMFI），利用决策树分类的方法解译研究区不同时期的土地利用类型，具体工作流程如图 2.6 所示。

1. 特征指数建立

　　遥感图像上的植被信息主要是通过绿色植物叶子和植被冠层的光谱特性及其差异、变化而反映的，不同光谱通道所获得的植被信息可与植被的不同要素或某种特征状态存在相关性，如可见光中绿光波段 0.52～0.59 μm 对区分植物类别敏感，红光波段 0.63～0.69 μm 对植被覆盖度、植物生长状况敏感等。但是仅用个别波段或多个单波段数据分析对比来提取植被信息是相当局限的。因此往往选用多光谱遥感数据经分析运算（加、减、乘、除等线性或非线性组合方式），产生某些对植被长势、覆盖度、生物量等有一定指标意义的数值，即植被指数（vegetation index）。在植被指数中，通常选用对绿色植物

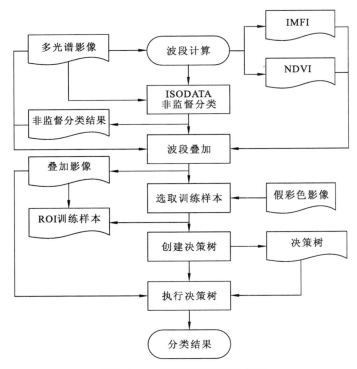

图 2.6 土地利用类型解译流程

ISODATA 为 interative self-organizing data analysis technique algorithm，迭代自组织数据分析技术算法；

ROI 为 region of interest，感兴趣区

强吸收的可见光波段和对绿色植物高反射的近红外波段。这两个波段不仅是植物光谱中最典型的波段，而且对同一生物物理现象的光谱响应截然相反，它们的多种组合可增强或揭示隐含的植被信息。

由于植被光谱受到植被本身、土壤背景、环境条件、大气状况、仪器定标等内外因素的影响，植被指数往往具有明显的地域性和时效性。20 多年来，国内外学者已研究发展了几十种不同的植被指数模型。大致可归纳为以下几类：比值植被指数（relative vegetation index，RVI）、归一化植被指数（NDVI）、土壤调节植被指数（soil-adjusted vegetation index，SAVI）、变换型土壤调节植被指数（transformed soil-adjusted vegetation index，TSAVI）、修改型土壤调节植被指数（modified soil-adjusted vegetation index，MSAVI）、差分植被指数（difference vegetation index，DVI）、穗帽变换中的绿度植被指数（greenness vegetation index，GVI）、垂直植被指数（perpendicular vegetation index，PVI），以及其他植被指数（如叶绿素吸收比值指数、高光谱植物指数）等。

1）NDVI

为了降低水体背景的影响，本书选用归一化植被指数（NDVI），该指数是反映植被生长和状况的重要参数之一。由于植物叶面在可见光红光波段有很强的吸收特征，在近红外波段有很强的反射特征，因此将近红外波段的反射率与红光波段的反射率之差比上两者之和即可得到 NDVI，其表达式为

$$\text{NDVI} = \frac{R_{\text{NIR}} - R_{\text{R}}}{R_{\text{NIR}} + R_{\text{R}}} \tag{2.1}$$

式中：R_{NIR} 为近红外波段的反射率；R_{R} 为红光波段的反射率。

对于 1999 年和 2009 年的 Landsat TM/ETM+数据，NDVI 的计算公式为

$$\text{NDVI} = \frac{\text{float}(\text{Band}_4) - \text{float}(\text{Band}_3)}{\text{float}(\text{Band}_4) + \text{float}(\text{Band}_3)} \tag{2.2}$$

式中：float 表示浮点运算。

对于 2019 年 Landsat8 OLI 数据，NDVI 的计算公式为

$$\text{NDVI} = \frac{\text{float}(\text{Band}_5) - \text{float}(\text{Band}_4)}{\text{float}(\text{Band}_5) + \text{float}(\text{Band}_4)} \tag{2.3}$$

研究区 NDVI 结果见图 2.7。

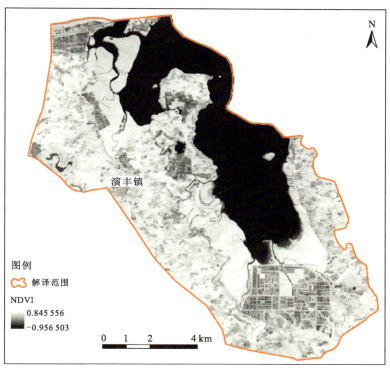

图 2.7　研究区 NDVI 图

以 2019 年 Landsat8 OLI 计算结果为例

2）IMFI

由于红树林生长在海陆交互地带，为了更好地区分被海水淹没的红树林与海水，有学者根据蓝光波段和绿光波段在红树林与海水之间的区分度较大提出了淹没红树林指数（IMFI），其表达式为

$$\text{IMFI} = \frac{R_{\text{B}} + R_{\text{G}} - 2R_{\text{NIR}}}{R_{\text{B}} + R_{\text{G}} + 2R_{\text{NIR}}} \tag{2.4}$$

式中：R_{NIR} 为近红外波段的反射率；R_{R} 为红光波段的反射率。

对于 1999 年和 2009 年的 Landsat TM/ETM+ 数据，NDVI 的计算公式为

$$NDVI = \frac{float(Band_1) + float(Band_2) - 2float(Band_4)}{float(Band_1) + float(Band_2) + 2float(Band_4)} \qquad (2.5)$$

对于 2019 年 Landsat8 OLI 数据，NDVI 的计算公式为

$$NDVI = \frac{float(Band_2) + float(Band_3) - 2float(Band_5)}{float(Band_2) + float(Band_3) + 2float(Band_5)} \qquad (2.6)$$

研究区 IMFI 结果如图 2.8 所示。

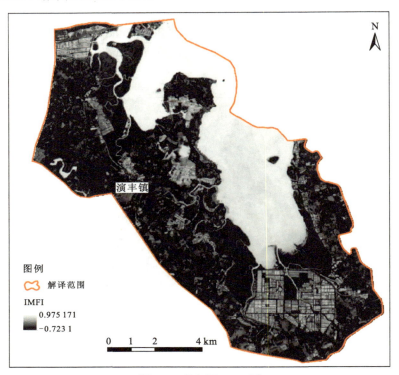

图 2.8　研究区 IMFI 图

以 2019 年 Landsat8 OLI 计算结果为例

2. 非监督分类

非监督分类是以不同影像地物在特征空间中类别特征的差别为依据的一种无先验（已知）类别标准的图像分类，是以集群为理论基础，通过计算机对图像进行集聚统计分析的方法。其原理在于根据待分类样本特征参数的统计特征，建立决策规则来进行分类，而无须事先知道类别特征或标签。把各样本的空间分布按其相似性分割或合并成一群集，每一群集代表的地物类别需经实地调查或与已知类型的地物加以比较才能确定。算法包括回归分析、趋势分析、等混合距离法、集群分析、主成分分析和图形识别等。

本次研究运用的非监督分类方法为 ISODATA，计算数据空间中均匀分布的类均值，然后用最小距离技术将剩余像元进行迭代聚合，每次迭代都重新计算均值，且根据所得的新均值，对像元进行再分类。以 2019 年多光谱影像为例，运用 ISODATA 将其迭代 10 次，分为 10～15 类（Class），分类结果如图 2.9 所示。

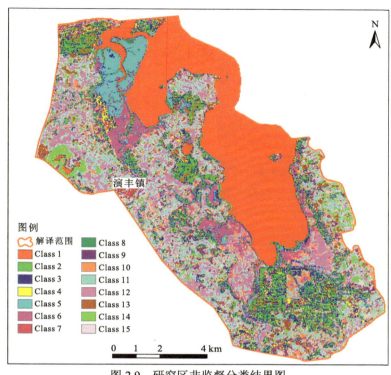

图 2.9　研究区非监督分类结果图

以 2019 年 Landsat8 OLI 计算结果为例

3. 解译标志建立

遥感数据所获取的信息主要是地球表面的，由于地球系统的复杂性和开放性，地面信息是多维的、无限的。遥感信息是简化的二维信息，其在进行地学空间分析和反演过程中具有模糊性和多解性的特点，主要表现为：①同物异谱、同谱异物；②混合像元；③时相变化；④遥感信息传输过程中引起的信息衰减和增益；⑤遥感影像地物单元空间分布相互交错关系的复杂性；⑥遥感影像中地物纹理特征的复杂性。鉴于遥感数据的诸多不确定性，在进行某个特定区域的遥感解译时，需要进行解译标志的野外选取，建立数据库内特定地物的解译标志特征，以提高解译的准确性和可信性。本次遥感解译中各土地利用类型解译标志的建立结合了野外踏勘和高分辨率的谷歌影像，以提高解译的准确性和可信性。不同土地利用类型的解译标志如表 2.2 所示。

表 2.2　不同土地利用类型的解译标志

土地利用类型	解译标志	土地利用类型	解译标志
红树林		裸地	

土地利用类型	解译标志	土地利用类型	解译标志
水体		耕地	
养殖		林地	
建筑用地			

4. 决策树分类

将计算好的特征指数、非监督分类影像与原始的多光谱影像叠加处理得到多源数据（图 2.10），然后利用各解译指标建立训练样本，最后对多源数据进行决策树分类。本次决策树分类基于分类与回归决策树（classification and regression tree，CART）算法，它提供对各数据层之间的非参数判别统计关系来生成二叉树（图 2.11），通过递归将训练数据像元分割成更多的同质子集，并根据训练样本定义的类别来度量同质性。

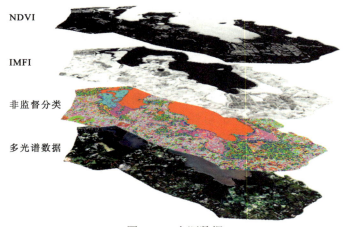

图 2.10　多源数据

以 2019 年数据为例

通过不断调整训练样本的圈定范围及数量，并结合目视解译修改的方法，最终得到三个时期的土地利用类型解译结果（图 2.12～图 2.14）。

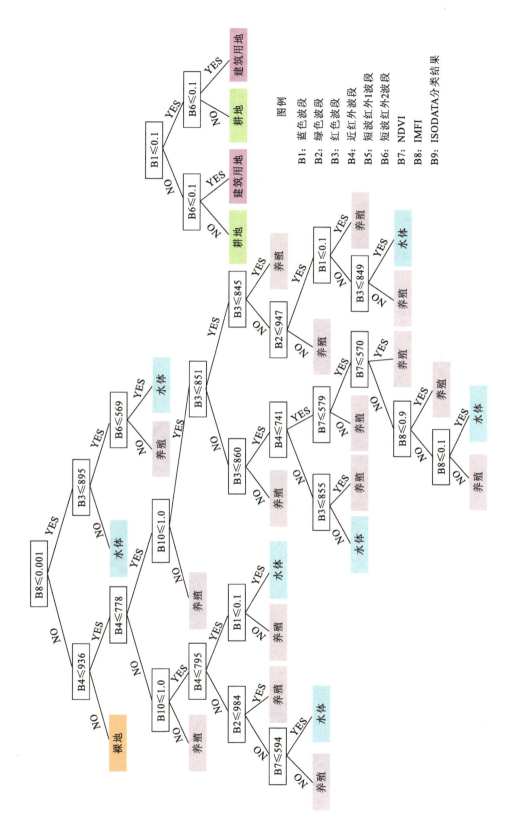

图2.11　2019年影像决策树（局部）

图例

B1: 蓝色波段
B2: 绿色波段
B3: 红色波段
B4: 近红外波段
B5: 短波红外1波段
B6: 短波红外2波段
B7: NDVI
B8: IMFI
B9: ISODATA分类结果

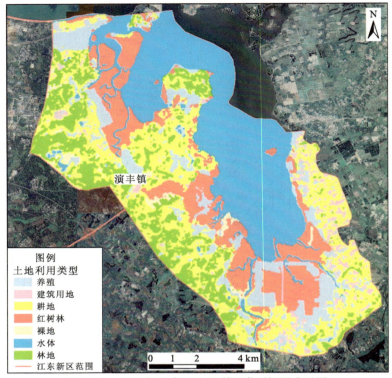

图 2.12　1999 年研究区土地利用类型解译成果图

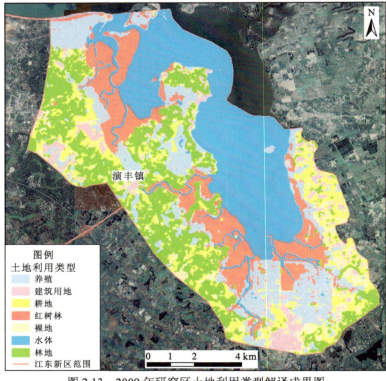

图 2.13　2009 年研究区土地利用类型解译成果图

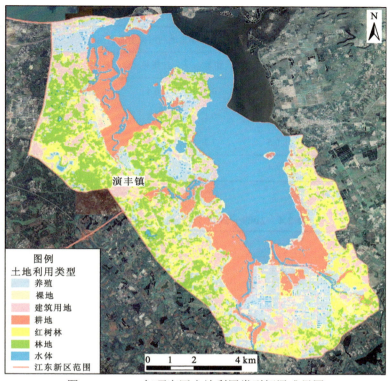

图 2.14　2019 年研究区土地利用类型解译成果图

5. 动态变迁分析

根据三个时期的研究区土地利用类型解译结果建立不同时期之间的土地利用类型转移矩阵（表 2.3、表 2.4），该矩阵可以定量化分析研究区各土地利用类型之间转换方向及数量，其数学表达式为

$$P = \begin{bmatrix} P_{11} & P_{12} & \cdots & P_{1n} \\ P_{21} & P_{22} & \cdots & P_{2n} \\ \vdots & \vdots & & \vdots \\ P_{n1} & P_{n2} & \cdots & P_{nn} \end{bmatrix}$$

式中：P_{ij} 为土地利用类型由 i 转换为 j 的面积。

表 2.3　1999～2009 年土地利用类型转移矩阵　　　　（单位：km²）

项目		2009 年土地利用类型面积							总计
		养殖	建筑用地	耕地	红树林	裸地	水体	林地	
1999 年土地利用类型面积	养殖	10.2	0.9	1.4	1.1	0.6	0.3	0.3	14.8
	建筑用地	0.5	1.1	1.3	0.0	0.6	0.0	0.2	3.7
	耕地	4.8	3.2	10.6	1.5	2.3	0.1	9.7	32.2
	红树林	2.7	0.3	0.5	14.5	0.1	0.8	1.6	20.5

项目		2009 年土地利用类型面积							总计
		养殖	建筑用地	耕地	红树林	裸地	水体	林地	
1999 年土地利用类型面积	裸地	0.1	0.1	0.3	0.4	0.0	0.0	0.4	1.3
	水体	0.9	0.0	0.1	0.8	0.0	31.5	0.1	33.4
	林地	0.5	0.5	2.2	0.4	0.8	0.0	10.8	15.2
总计		19.7	6.1	16.4	18.7	4.4	32.7	23.1	121.1

注：因修约加和不同，下同

表 2.4　2009～2019 年土地利用类型转移矩阵　（单位：km^2）

项目		2019 年土地利用类型面积							总计
		养殖	建筑用地	耕地	红树林	裸地	水体	林地	
2009 年土地利用类型面积	养殖	11.3	1.2	2.2	0.8	2.1	1.3	0.8	19.7
	建筑用地	0.5	2.8	2.2	0.0	0.3	0.0	0.4	6.2
	耕地	1.4	4.5	7.2	0.1	0.4	0.1	2.8	16.5
	红树林	1.0	0.4	1.1	14.6	0.1	1.1	0.5	18.8
	裸地	0.4	1.0	1.9	0.0	0.2	0.0	0.7	4.2
	水体	0.3	0.0	0.1	0.9	0.3	31.0	0.0	32.6
	林地	0.6	5.0	5.4	0.5	0.3	0.1	11.2	23.1
总计		15.5	14.9	20.1	16.9	3.7	33.6	16.4	121.1

由土地利用类型转移矩阵结果可以看出，研究区 1999 年、2009 年和 2019 年研究区红树林面积分别约为 20.5 km^2，18.8 km^2 和 16.9 km^2，总体呈减少趋势。

1999～2009 年（表 2.3）约 13.2%的红树林变成了养殖区，7.8%的红树林变成了林地，8%的红树林变成了建筑用地、耕地、水体及裸地，说明研究区内养殖业的扩张是造成红树林退化的一个重要原因。此外 2009 年有 2.6 km^2 的红树林是由 1999 年的养殖区和耕地转化得到，说明有部分区域养殖和种植的模式发生了变化，从 1999 年和 2009 年的土地利用类型解译成果图（图 2.12、图 2.13）看，这一模式的变化主要体现在研究区的中部和南部，即演丰河与三江河附近。

2009～2019 年十年间有 5.9%的红树林变成了水体，5.9%的红树林变成了耕地，5.3%的红树林变成了养殖区，5%的红树林变成了建筑用地、裸地和林地，说明人类活动（养殖与耕地）仍是造成红树林退化的主要原因，但是 2019 年养殖面积（15.5 km^2）比 2009 年（19.7 km^2）小，表明研究区退塘还林等保护红树林的举措具有一定成效。从 2009 年与 2019 年的解译成果图（图 2.13、图 2.14）看，红树林面积变化主要体现在研究区中部及东南角，即演丰河与三江—上园一带。

2.2.3　红树林发育现状解译

目前利用遥感数据来估算植被生物物理参数主要采用两种方法。一种是统计模型，即建立植被指数与生物物理参数的回归方程。另一种是理论模型，即几何光学模型、辐射传输模型等。无论是植被遥感监测还是灾害评价，其依据都是建立在遥感植被指数与研究区植被参数的关系上，通过植被指数的变化来反映植被的生长状态。本次研究采用第一种方法建立统计模型，通过计算植被指数来监测植被的覆盖情况，从而反映植被的生长状态。

1. 植被指数选取

国内外提出的植被指数达 40 多种，遥感图像在植被监测的应用中，主要有 PVI、SAVI、NDVI、RVI 4 种植被指数用于植被资源调查和监测。在众多植被指数中选择一种适合的植被指数来监测植被的生长状况非常重要，为了估算和监测植被覆盖度，最早发展了比值植被指数（RVI），但 RVI 对大气影响敏感，而且当植被覆盖不够浓密时（小于50%），它的分辨能力也很弱，只有在植被覆盖浓密的情况下效果最好，适合应用于植被生长高度旺盛、具有高覆盖度的植被监测中。NDVI 是植被生长状态及植被覆盖度的最佳指示因子，许多研究表明 NDVI 与叶面积指数（leaf area index，LAI）、绿色生物量、植被覆盖度、光合作用等植被参数有关。NDVI 提高了对土壤背景的鉴别能力，大大消除了地形和群落结构的阴影影响，削弱了大气的干扰，因而扩展了对植被覆盖度监测的灵敏度。本研究选择 NDVI 指数作为反演红树林生长发育情况的最佳因子。

2. 植被覆盖度建立

植被指数可以反演植被生物物理参数，它与植被生物物理参数（如植被覆盖度）之间存在相关关系，可以作为获得植被覆盖度的"中间变量"，或者得到两者之间的转换系数。一般情况下，植被指数与植被覆盖度之间具有较强的正相关性，植被指数值越大，植被覆盖度越大。生态环境条件较好，水土条件适合，植被生长茂盛，覆盖度较高，其植被指数相应也较高；当生态环境恶化时，植被生长稀少，覆盖度较低，其植被指数相应也较低。植被指数反映了特定景观中群落面积同景观总面积的比例关系，同时也反映了植物的生物量高低，将植被指数应用于资源环境的监测和评价，必须赋予 NDVI 以相应的植被覆盖度含义。参考之前的研究，对植被指数进行综合和简化，将植被指数转化为植被覆盖度等级，本次研究在 NDVI 与植被覆盖度之间建立以下关系来反演植被生长状态：

$$f = (\mathrm{NDVI} - \mathrm{NDVI}_{min}) / (\mathrm{NDVI}_{max} - \mathrm{NDVI}_{min})$$

式中：f 为植被覆盖度；NDVI 为归一化植被指数；NDVI_{min}、NDVI_{max} 分别为研究区内NDVI 的最小值和最大值。

3. 结果分析

计算得到的 2019 年研究区红树林植被覆盖度结果如图 2.15 所示，可以发现离铺前港越近或者越靠近海水，水动力作用越强烈，红树林的总体植被覆盖度越低，即红树林生长状况越差。在靠近内陆和远离河水海水的地方，水动力作用相对较小，红树林生长也相对较好。

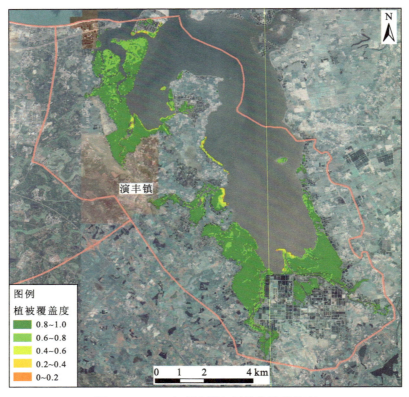

图 2.15　2019 年研究区红树林植被覆盖度

2.3　红树林湿地沉积环境演化特征

2.3.1　晚更新世以来红树林湿地的沉积演化过程

1. 沉积物年代学分析

本节选择东寨港西岸红树林湿地的 9 个钻孔沉积物样品按照地层深度分别进行放射性碳测年，^{14}C 记录的年龄范围为距今约 940～11 970 年前，对应地表以下 1～8 m 的深度。沉积物样品有机质加速器质谱法（accelerator mass spectrometry，AMS）放射性碳年龄和沉积速率详见表 2.5，结果显示沉积物随深度加深地质年龄越老。与以往的研究结果一致，钻孔在地表以下 8 m 位置的沉积物约沉积于距今 11 970 年前，因此上覆沉积物沉积于全新世。钻孔底部沉积物沉积时间为晚更新世，因此该钻孔的地球化学特性可以反映该地区自晚更新世以来的沉积特征和环境变化。

表 2.5　东寨港钻孔沉积物有机质 AMS 放射性 ^{14}C 年龄与沉积速率

样品编号	实验室测试编号	深度/m	^{14}C 年龄/年	校正年（距今）/年	沉积速率/（mm/a）
C 13	XA53330	0.95	1 025±16	940	
C 23	XA53331	1.95	5 015±19	5 747	
SL 05	XA53334	2.5	7 425±22	8 265	0.32
SL 14	XA53332	3.4	7 450±22	8 264	
SL 20	XA53395	4.0	8 775±27	9 776	
SL 30	XA53333	5.0	7 700±22	8 478	
SL 43	XA53392	6.4	8 240±23	9 208	1.10
SL 50	XA53393	7.0	9 465±26	10 700	
SL 60	XA53390	8.0	10 270±27	11 970	

2. 红树林湿地沉积地球化学特征

表生环境下地球化学元素由于性质差异，在不同的沉积环境中常常会发生不同程度的淋溶、迁移和积聚，所以地层沉积物中地球化学元素含量及其比值的变化可以指示沉积环境的变化。Ti 属惰性元素，在表生作用中比较稳定，风化后难以形成可溶性化合物，基本以碎屑矿物的形式被搬运，主要在黏土和重矿物如钛铁矿和金红石中，较少受化学风化强度的影响，其含量的变化反映陆地来源物质加入的程度，含量越高表明陆地来源物质越丰富。元素比值法可以克服或降低沉积环境以外因素对元素分布的影响，用于环境标志的元素比值应该具备以下条件：相同环境各个样品间分异系数较小；不同环境沉积物间差值比较明显、分界清楚。据此原则选择 Ca/Ti（以质量分数之比计，余同）、P/Ti、Ba/Al、V/Cr 和化学蚀变指数（chemical index of alteration，CIA）作为主要因子进行分析。Ca/Ti 值可作为海相沉积物的指标，而 P/Ti 或 Ba/Al 值可用于评估古生产力。CIA 是反映沉积物风化程度的重要指标，其值越大风化作用越强。CIA 代表高活动性的碱金属和碱土金属元素（CaO、Na_2O、K_2O）与稳定元素（Al_2O_3）的比率，以及长石（大多数火成岩的典型成分）向风化溶液中释放 Ca、Na 和 K 的相对速率。一般情况下，CIA 的范围在 50～100，不同的 CIA 值反映了不同的气候条件：寒冷干燥的气候，CIA=50～60；温暖湿润的气候，CIA=60～80；炎热湿润的气候，CIA=80～100。

通过对钻孔的 80 个沉积物样品进行元素地球化学分析，得到元素含量垂向分布图（图 2.16）。根据岩心常量元素含量变化曲线，结合岩性特征可将该区晚更新世以来的沉积过程分为 3 个阶段：20～16 m、16～8 m 和 8～0 m。深度在 20～16 m 的沉积物主要由砂和砂砾石组成，而上覆地层的沉积物则具有更细的颗粒特征，16～8 m 深度主要以粉砂质沉积物为主，8～0 m 则以黏土物质为主。

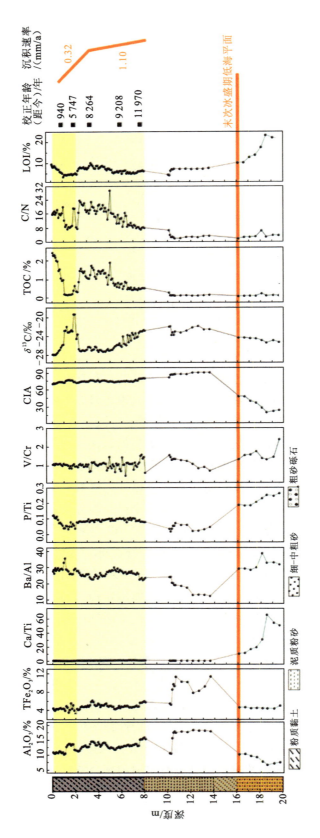

图 2.16 岩心沉积物理化参数随深度的变化

LOI为loss on ignition, 灼烧损失

第一阶段（20～16 m，晚更新世至末次冰盛期（last glacial maximum，LGM）：Al_2O_3、SiO_2 和 Na_2O 含量（以质量分数计）在该阶段均逐渐增大，变化范围分别为 7.51%～10.31%（平均值 8.55%）、35.3%～60.27%（平均值 48.28%）和 0.25%～0.66%（平均值 0.48%），低含量的 Al_2O_3 说明该阶段缺少陆源碎屑物质的输入，主要为海相沉积。CaO 含量在该阶段先增大后减小，在 18.5 m 处增大至 26.3% 后逐渐减小至 8.90%，该阶段平均含量为 17.23%，高 CaO 含量表明该处主要沉积为碳酸盐沉积环境。K_2O 和 MgO 含量在该阶段变化一致，表现为在 18 m 处先减小后增大，变化范围分别为 1.34%～2.01%（平均值 1.69%）和 1.30～1.92（平均值 1.57%）。TFe_2O_3 含量在该阶段保持在 4.5% 左右，表明该阶段沉积环境比较稳定。Ca/Ti 在此阶段最高，达 65.75，在末次冰盛期低海平面时逐渐下降至 10.47。P/Ti 和 Ba/Al 在 LGM 之前总体上呈现出下降趋势。20～16 m 沉积深度的 CIA 值为 19.19%～46.85%（平均值 32.33%），表明风化作用极弱。综上所述，该阶段应该为海相沉积。

第二阶段（16～8 m，LGM 至早全新世）：该阶段 Al_2O_3 和 SiO_2 含量均显著增加，分别增大至 18.39% 和 76.48%，平均含量分别达到 16.49% 和 62.92%。而 Na_2O 含量减少，变化范围为 0.18%～0.43%，平均值为 0.26%。Al_2O_3 含量增加说明该阶段有了陆源碎屑物质的输入。该阶段 TiO_2 含量显著增加至 3.34%，也表明陆地径流输入增加，说明沉积环境发生变化。CaO 含量在该阶段显著降低至 1% 以下，表明此处生物活动减少，不同于第一阶段的碳酸盐沉积。Ca/Ti 从 2 减小到 1（平均 0.1），远低于第一阶段的数值，表明陆地径流输入增加。MgO 含量在该阶段略微降低至 1% 以下，而 K_2O 含量变化较小。TFe_2O_3 含量在此阶段波动性增大，变化范围为 5.18%～11.36%，平均值为 8.84%，指示了沉积环境的氧化还原条件发生改变，且常处于波动状态。P/Ti 和 Ba/Al 值也下降，表明环境与第一阶段完全不同。CIA 值为 81.72%～90.54%，平均值为 87.89%，表明该时期的风化强度明显高于晚更新世。综上特征分析，这段时期该地区不再是海洋环境，可能是地壳抬升或者海退使得研究区地层出露，风化作用增强。

第三阶段（8～0 m，早-中-晚全新世）：该阶段 Al_2O_3 含量总体降低，而 SiO_2 含量总体增加，其含量变化分别为 11.23%～15.86%（平均值 13.25）和 62.21%～73.43%（平均值 67.82%）。Na_2O 含量在此阶段显著增加至 1.70%，平均值为 1.39%。CaO 含量相比第二阶段略微增加，但在该阶段基本没有变化。K_2O 和 MgO 含量先分别增大至约 2.35% 和 1.45%（平均值 2.24% 和 1.34%），而后在 3.5 m 处开始减小。TFe_2O_3 含量在此阶段相对稳定，含量变化范围为 4.05%～6.10%，平均值 4.95%。P/Ti、Ba/Al 均略有升高，CIA 值降至 72.48%～80.51%（平均值 75.58%），表明风化作用中等。根据以上特征，可以推测该时期发生了海侵，出露的地层再次被海水淹没，风化作用相比于第二阶段较弱。

3. 红树林湿地的有机质变化及环境指示

大气中的 CO_2 被陆地和海洋的植物吸收，然后通过生物或地质过程及人类活动，再次以 CO_2 的形式返回大气，从而实现无机和有机过程的碳交换循环。不同植物进行光合作用的代谢途径不同，在光合作用过程中碳同位素的分馏使得不同的植物群落具有不同的碳同位素特征。红树林的生长积累了大量的有机质，有机质的碳同位素保留了源区特征。早期成岩作用会使其发生略微变化，但基本保留完好，沉积物中有机质的同位素组成可以反映生长于该层位上相应植物的同位素组成。因此，在红树林湿地沉积物中保存下来的红树叶片的同位素组成可以提供关于红树古生态系统动态变化、养分限制和过去林分结构的重要信息。陆生植物的 $\delta^{13}C$ 平均值约为-25‰，其值取决于植物光合作用的循环类型。大多红树林植物通过 C3 代谢途径来进行光合作用，$\delta^{13}C$ 介于-32.2‰～-25.7‰，平均值为-27‰，研究表明红树植物大多为 C3 光合作用类型。

为了探究钻孔中沉积物的有机质来源，分别对沉积物 $\delta^{13}C$、TOC 和 C/N 等指标进行测试，结果表明其含量变化分别为-26.92‰～-21.80‰（平均值-24.91‰）、0.06 g/kg～1.90 g/kg（平均值 0.72 g/kg）、1.96～29.1（平均值 12.08）。根据钻孔沉积物中 TOC 含量、$\delta^{13}C$ 和 C/N 值，自下而上也可分为 3 个阶段，分别为 20～16 m、16～8 m 和 8～0 m，该划分结果与钻孔岩性变化结果一致。TOC 含量和 C/N 值在第一阶段和第二阶段保持相对稳定，在第三阶段逐渐增大，在 2 m 处再次减小，在 1 m 以上再次开始增大至地表 TOC含量达到最大（2.44 g/kg）。$\delta^{13}C$ 值在第一阶段从-25.05‰逐渐增大至-24.12‰；在第二阶段 $\delta^{13}C$ 范围为-23.60‰～-21.80‰，平均值为-22.64‰；在第三阶段 $\delta^{13}C$ 先减小后增大，在 2 m 处达到最大值-19.41‰，再向上 $\delta^{13}C$ 值又减小到-27.46‰（图 2.17）。

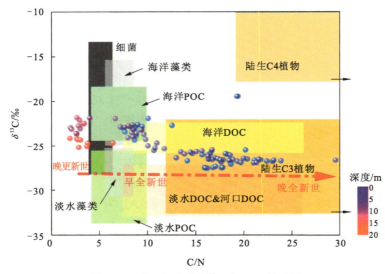

图 2.17 岩心沉积物 $\delta^{13}C$ 和 C/N 关系图

POC 为 particulate organic carbon（颗粒有机碳）

海岸带地区沉积物中同位素信号复杂，结合 C/N 可以提高同位素区分有机质源的可靠性。陆生高等植物富含纤维素，其不含氮化合物，因此根据 C/N 可以区分不同类型来源（淡水和海洋藻类、陆生 C3 植物和 C4 植物）的有机质。海洋有机物质的 C/N 通常在4～10，而陆生植物的 C/N 一般大于 20。

研究区红树林林缘和林内不同层位沉积物的 $\delta^{13}C$ 和 C/N 数据关系如图 2.17 示。$\delta^{13}C$和 C/N 主要分为细菌、海洋藻类、海洋颗粒有机碳、海洋溶解性有机碳、淡水藻类、淡水颗粒有机碳、淡水溶解性有机碳和河口溶解性有机碳，以及陆生 C3 植物和陆生 C4 植物。研究区钻孔沉积物在 20～8 m 主要以海洋有机质为主，有机质来源主要为海洋藻类。8～0 m

的 C/N 值大多介于 8～20，表明该时期有机质为海陆混合来源，此时环境已经演化为海陆交互带，这是适合红树林生长的必要条件之一。伴随红树林群落发育，有机质逐渐沉积埋藏于此，中全新世以来沉积有机质来源含陆生 C3 植物，部分有机质来源为红树植被输入。

2.3.2   中全新世以来红树林群落的定植与演变特征

孢粉作为研究古环境、古气候的替代性指标在第四系沉积物中广泛应用，也是证明古红树林分布的最直接证据，最早对地质历史时期红树林的起源与分布的研究就是从孢粉开始的（Cohen et al.，2019）。孢粉学主要的研究对象是沉积物中植物的孢子和花粉，孢粉自身特点（体积小、产量大、外壁耐腐蚀）使其能很好地保存在沉积地层中，通过研究地层中的孢粉信息来反演当时地层中的古植被，进一步通过古植被信息可以重建地层的古气候、古环境（Srivastava et al.，2019）。高盐度、低 Eh 和 pH 的沉积物是保存花粉的理想场所，红树林细粒沉积物中的厌氧条件为花粉的保存提供了适宜的环境（França et al.，2015；Ellison，2008）。因此，本小节通过鉴定不同时间尺度下钻孔沉积物中红树花粉浓度及组合的变化，帮助反演红树林在第四纪地质历史时期的发展，预测红树林在未来的发展趋势。

1. 沉积物中孢粉的垂向分布特征及植被演替过程

选择钻孔 1～6 m 的 50 个连续沉积物进行孢粉分析，孢粉鉴定到的植物花粉共计 21 836 粒，平均每个样品 437 粒，孢粉总浓度为 6 250 粒/g，共发现并鉴定了科属水平的植物花粉和孢子 197 种。其中木本类 114 种，以竹节树属（*Carallia*，约 18%）、木榄属（*Bruguiera*，约 10%）、青冈属（*Cyclobalanopsis*，约 4%）为主；禾本科（Gramineae）类 40 种，约 3%；蕨类孢子 35 种，以单缝孢（Monolete spores，约 11%）为主，以及藻类 8 种。

从孢粉含量图（图 2.18）中可以发现，东寨港地表以下 1～6 m 连续沉积中均有红树花粉积累，其中红树科（Rhizophoraceae）中的红树属（*Rhizophora*）、木榄属、角果木属（*Ceriops*）、秋茄树属（*Kandelia*）等已经发育，但不同时期其疏密发生变化。根据孢粉数量及其组合特征在岩心上的垂直变化，结合约束增量平方和聚类分析（constrained incremental sum of squares cluster analysis，CONISS），可以把全新世中-晚期划分为 8 个孢粉带，不同孢粉带的优势群落不同。各孢粉带的群落组成和含量变化具体如下。

孢粉带 I（深度 5.5～6 m）：木本植物花粉丰富，含量约 60%。其中以 *Carallia*、*Bruguiera* 和 *Cyclobalanopsis* 为主，含量分别为 20%～30%、15% 和 5%。草本植物花粉含量均较低，在 20% 以下，其中马鞭草科（Verbenaceae）在后期均逐渐增多至 10%。蕨类孢子含量约 30%，其中金毛狗属（*Cibotium*）、海金沙属（*Lygodium*）和单缝孢占主导，分别在 10% 及以下。

孢粉带 II（深度 4.4～5.5 m）：木本植物花粉极其丰富，含量 55%～80%。在孢粉带 I 的基础上，Rhizophoraceae 花粉含量显著增多至 5% 以上，指示了红树林的生长。草本植物花粉以 Gramineae 和野桐属（*Mallotus*）为主，含量均为 5%～10%。蕨类孢子含量为 20%～40%，主要以单缝孢为主导群落，*Cibotium* 在部分层位出现，几乎没有 Polypodiaceae。

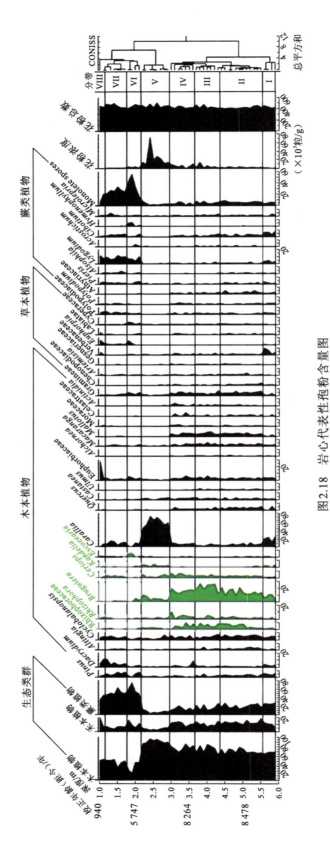

图 2.18　岩心代表性孢粉含量图

孢粉数据以占总花粉总数的百分比表示；其中绿色阴影部分表示红树植物的占比

孢粉带 III（深度 3.6～4.4 m）：木本植物花粉不断增加至 85%，其中 *Bruguiera* 也随之增加至 20%，Rhizophoraceae 花粉含量与孢粉带 II 一致，*Cyclobalanopsis* 相比于孢粉带 I 和孢粉带 II 减少。草本植物花粉含量相较于孢粉带 II，血桐属（*Macaranga*）含量增加，但仍低于 5%。蕨类孢子含量为 10%～40%，在不同层位略有差别，仍以单缝孢为主导群落，而 *Cibotium* 仅在较下层位出现。

孢粉带 IV（深度 3.0～3.6 m）：木本植物花粉总含量与孢粉带 III 保持一致，但 *Bruguiera* 在带 IV 中含量显著下降至 15%，与孢粉带 II 水平相当。Rhizophoraceae 花粉含量略微减少，而 *Ceriops* 从孢粉带 II 开始逐渐增加至 5%。草本植物花粉含量增加，与孢粉带 II 含量相近，仍以 Gramineae、*Mallotus* 和 *Macaranga* 为主，含量均低于 10%。蕨类孢子以低含量的 *Cibotium* 为主，几乎未见其他群落。

孢粉带 V（深度 2.0～3.0 m）：木本植物花粉含量达到 90% 以上，其中 *Carallia* 花粉含量 60%～85%。*Kandelia* 在孢粉带 V 重新出现，且含量自下而上逐渐增加，但总体小于 5%；而 *Ceriops* 含量较孢粉带 IV 显著降低。草本植物花粉和蕨类孢子含量非常低，几乎不可见。

孢粉带 VI～VIII（深度 1.0～2.0 m）：浅表沉积物鉴定的孢粉主要以单缝孢为主。孢粉带 VII 在单缝孢的基础上，*Ceriops*、松属（*Pinus*）、*Carallia*、*Cyclobalanopsis*、海金沙属（*Lygodium*）等发育并逐渐占据主导地位。在孢粉带 VIII 中仍以单缝孢为主，但占比显著下降，未见新群落。

根据 8 个不同分带的群落组合特征及含量分布，可以发现孢粉带 II（4.4～5.5 m）和孢粉带 IV（3.0～3.6 m）的组合与含量类似，均以 *Bruguiera* 和 Rhizophoraceae 为主，孢粉带 III（3.6～4.4 m）与孢粉带 II、孢粉带 IV 组合相似，但含量更高。而孢粉带 I（5.5～6 m）和孢粉带 V（2.0～3.0 m）以 *Carallia* 为优势群落，含量高达 85%。据图 2.18 可知，木本植物花粉在 2～6 m 处于主导地位，在 1～2 m 减少，而蕨类植物在此占主导地位。

综上所述，中全新世以来的花粉以木本植物为主，占总数的 60% 以上。在孢粉带 II 区，红树林花粉呈增加趋势。而后，研究区以 Rhizophoraceae、*Bruguiera* 和 *Ceriops* 为优势群落，其次是 *Kandelia* 和海漆属（*Excoecaria*）。另外，表层沉积物中的红树林花粉含量与下层沉积物的水平相比相当低。

2. 沉积物中的孢粉丰度与地球化学性质的关系

自全新世中期以来，东寨港红树林花粉的种类和丰度随时间高度变化是红树林发育的有力证据。这些现象表明，东寨港地区红树林演替和区域环境的动态变化可能与降水、河流淡水输入、海平面变化及全球变暖引发的其他事件有关（Punwong et al.，2018）。

植被群落受沉积背景和环境因子的影响较大。从中全新世到现代，花粉组合存在显著差异。红树林花粉的变化对沉积物的地球化学性质有强烈的响应。冗余分析（redundancy analysis, RDA）结果显示，红树林群落随沉积物深度的变化而变化（图 2.19）。*Bruguiera* 和其他属于沿海红树林的 Rhizophoraceae 与 Fe_2O_3、MgO、Mo、TOC 和 C/N 呈正相关，而与 TiO_2、SiO_2 和 $\delta^{13}C$ 呈负相关（*Kandelia* 除外）。然而，*Lygodium* 和单缝孢显示优势蕨类植物与 TOC、C/N、Fe_2O_3、MgO 和 Mo 呈负相关，与 $\delta^{13}C$、TiO_2 和 SiO_2 呈正相关。中全新世以来，50 个不同深度的样品呈现出明显的聚类特征，这与不同物种

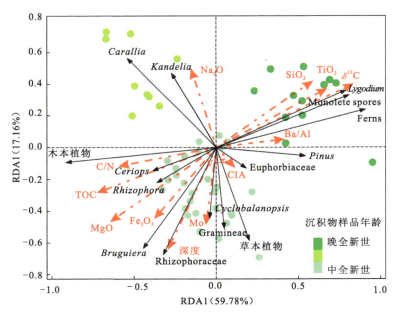

图 2.19 中全新世以来沉积物地球化学与植被群落结构的冗余分析

Euphorbiaceae 为大戟科；Ferns 为蕨类亚门

的相对丰度对植被群落组成的贡献有关。

自全新世中期以来，红树林花粉在连续沉积物中积累，表明在这段时间内，研究区红树林（包括 *Rhizophora*、*Bruguiera*、*Ceriops* 和 *Kandelia* 群落）在发育、生长、扩张或收缩。在很长时间内，*Bruguiera* 为优势群落，这表明至少从全新世中期开始，咸淡水的相互作用为红树林植物的繁荣创造了一个合适的生长环境。在 *Bruguiera* 定植之前，*Rhizophora* 可能是河口上游的先锋物种。如图 2.18 所示，*Rhizophora* 的花粉含量比 *Bruguiera* 要少，这也说明了红树林植被对水力条件的某种响应。

如前所述，孢粉带 III 区的花粉组合与孢粉带 II 区和孢粉带 IV 区相似，但是孢粉带 III 区的花粉含量更高，可能表明该时期气候更温暖、更潮湿。孢粉带 V 区的优势群落是 *Carallia*，而不是沿海红树林，其含量最高可达约 85%；这类植被倾向于生长在低至中海拔地区，表明这段时间水文地质环境发生了显著变化。此外，RDA 显示出不同的聚类，这代表了受特定环境因素影响的不同红树林群落组成（图 2.19）。自全新世中期以来，研究区域优势群落的明显演替可能是由于古气候和海平面随时间波动。*Carallia* 群落比沿海红树林更喜欢生长在高海拔地区，因此这类植被的存在表明海平面在中至晚全新世期间相对下降。

不同时期花粉浓度存在差异，特别是 *Ceriops* 几乎在各个时期均有出现，但 *Excoecaria* 仅在某些层中出现。值得注意的是，在人类活动存在的情况下，红树林的演替明显加快，因为研究区域目前以 *Kandelia* 为主，而在过去的相当长一段时间内被 *Carallia* 占据。

2.3.3 人类活动以来红树林湿地的沉积动态特征

在过去的很长一段时间，海南东寨港红树林湿地因人类活动而发生了广泛的环境变化。本小节研究选择一个典型的红树林剖面来揭示人类活动对红树林湿地的影响。理论上，红树林湿地中沉积的有机质不仅来自原位凋落输入，也可能通过潮流输送等作用来自陆地和海洋。由于有机质交换有限，有机碳特征足以区分红树林、混交林和泥滩环境。如前所述，晚全新世的沉积物中有机质主要来自陆生 C3 植物，在剖面分析中将进一步识别时空变化特征。

1. 粒度变化及水动力条件

在东寨港西岸石路村附近红树林湿地选取剖面采集浅层沉积物，包括红树林内（B）和红树林林缘（分别靠近潮沟 A 和水产养殖 C）的浅层沉积物（2 m）。A、B 和 C 柱状沉积物主要由细粒沉积物（< 63 μm）组成，淤泥和黏土占主导地位（56.57%~94.19%），但在不同位置的粒度分布仍有略微差异（图 2.20）。在近海端的沉积物中含砂量最多，最高达 43.43%，说明此处水动力作用强，潮流携带大量的颗粒物在此处沉积，红树生长后细粒沉积物含量增加。红树林内沉积物黏土、粉砂和砂粒含量保持恒定，而靠岸潮流难以到达的地方沉积物黏土含量最高，平均高达 68.11%。

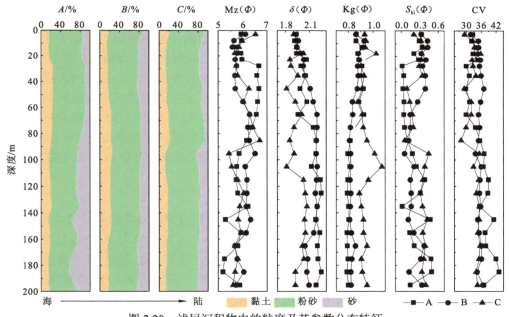

图 2.20　浅层沉积物中的粒度及其参数分布特征

A、B、C 分别代表潮沟、红树林内、水产养殖区浅层沉积物粒度含量；Mz 为平均粒径；Kg 为峰度；S_{ki} 为偏度；Φ 描述沉积物颗粒大小的对数尺度，$\Phi = -\log_2 d$，其中 d 为颗粒直径

粒度参数主要用于定量地表征碎屑物质的粒度特征，单个粒度参数及其组合特征可作为判别沉积水动力条件及沉积环境的参考依据。平均粒径和中值粒径代表粒度分布的集中趋势，反映了搬运介质的平均动能。柱状沉积物 A、B 和 C 的平均粒径分别为 5.18~6.67 μm、5.57~6.50 μm 和 5.43~6.69 μm，中值粒径分别为 4.43~6.72 μm、5.06~6.52 μm 和 4.91~6.70 μm。从平均粒径和中值粒径来看，红树林内的粒径变化相对最小，而林缘则变化较大。沉积物的分选程度与沉积环境的水动力条件有密切关系，柱状沉积物 A、B 和 C 的分选系数分别为 1.91~2.24、1.93~2.19 和 1.81~2.06，分选性差，表明近两百年

来研究区水动力作用强烈,受到潮汐和波浪的强烈冲刷作用。不同沉积环境形成的沉积物的频率曲线形态不同,因此频率曲线的偏度对于了解沉积物的成因有一定的意义。柱状沉积物 A、B 和 C 的偏度值分别为 0.01~0.49、0.05~0.43 和 0.05~0.44,研究区红树林湿地毗邻潮沟,海滩沉积物由于潮汐、波浪高能量作用的结果多数为近对称,偏度值近于零。

水动力条件可以通过沉积物粒度参数的变化来指示。变异系数(coefficient of variation,CV)的计算公式为 $100 \cdot \sigma / Mz$,其中 σ 为标准差,反映样本数据的离散程度,Mz 为算术平均值,即样本数据的平均值,将标准差与平均值的比值转换为百分比,便于直观表示数据的离散程度。CV 主要用于指示潮流的水动力能量,CV 值越高,潮流能量越高,反之越低。柱状沉积物 A、B 和 C 的 CV 分别为 26.69~43.19、31.58~36.95 和 27.64~35.66。在红树林内由于其发达的根系,潮流能量相对稳定,变异系数差别小;而在红树林近海缘潮流能量波动较大,变异系数差别大,红树林的沉积特征更加复杂。

柱状沉积物 A、B 和 C 的 $\delta^{13}C$ 和 $\delta^{15}N$ 的含量变化范围分别为 -27.43‰~-23.32‰(平均值 -24.88‰)、-28.35‰~-21.38‰(平均值 -24.58‰)、-27.52‰~-19.41‰(平均值 -24.76‰)和 1.97‰~5.17‰(平均值 3.11‰)、2.90‰~3.99‰(平均值 3.46‰)、3.92‰~8.59‰(平均值 5.47‰)。根据数理统计结果可以发现,红树林内(B)的沉积物具有相对较轻 $\delta^{13}C$ 值,而红树林林缘的 $\delta^{13}C$ 值则相对较重。

根据实地调查结果,受潮汐和人为干预的水动力条件是不同地点粒度变化的原因。一般来说,强大的水动力会导致更粗的粒度和更大的粒度变化。与边缘红树林(A 和 C)相比,红树林内(B)的沉积物在平均粒径和中值粒径方面较小,这是因为细粒度沉积物有利于红树林的生长。较差的分选性表明,研究区域在过去的几千年里经历了强烈的水动力变迁,并受到潮汐和海浪的猛烈冲刷。考虑到红树林内(B)的根系发育,潮汐能量相对稳定,粒径分布的 CV 更小。相比之下,在红树林的海岸边缘(A),潮流能量波动明显,CV 随深度变化很大。因此,红树林内部的沉积特征更为复杂(图 2.20)。

2. 沉积物物源及空间变化

沉积物中的元素地球化学特征与沉积物的来源、粒度组成及环境条件等关系密切。由 A、B 和 C 浅层沉积物的元素含量变化曲线(图 2.21)可知,Al 与 Si 含量呈显著负相关变化趋势,A 和 B 钻孔剖面中 Al 含量自下而上减少,而 C 钻孔剖面 Al 含量波动增加,Si 在对应钻孔中表现出相反趋势。常量元素以 Si 为主,沉积物 A、B、C 的 SiO_2 含量变化范围分别为 61.86%~73.25%(平均值 67.59%)、65.68%~71.74%(平均值 68.23%)和 68.96%~76.91%(平均值 71.96%)。Al_2O_3 次之,含量变化分别为 10.74%~15.33%(平均值 12.80%)、9.31%~14.56%(平均值 12.13%)和 10.20%~13.75%(平均值 11.64%)。Al 是沉积物中仅次于 Si 的造岩元素,主要以铝硅酸盐的形式赋存于细粒的黏土粒级组分中。上述元素在成岩作用期间相对稳定,Al_2O_3 含量的逐渐增大指示了陆源碎屑输入增多,为红树林的定植提供了物源。Na 和 K 含量总体呈相反趋势,沿剖面自下而上 Na_2O 含量逐渐增大,K_2O 含量逐渐减小。A、B、C 的 Na_2O 含量变化范围分别为 1.58%~2.03%(平均值 1.76%)、1.60%~2.58%(平均值 1.86%)和 1.44%~2.22%(平均值 1.68%)。A、B、C 的 K_2O 含量变化范围分别为 1.89%~2.11%(平均值 1.99%)、1.73%~2.03%(平均值 1.90%)和 1.78%~2.25%(平均值 1.96%)。不同沉积柱中 CaO 含量和 MgO 含量波动较大,总体上 CaO 含量自下而上表现出先减小后增大的趋势,最低值在 1 m 深度处。

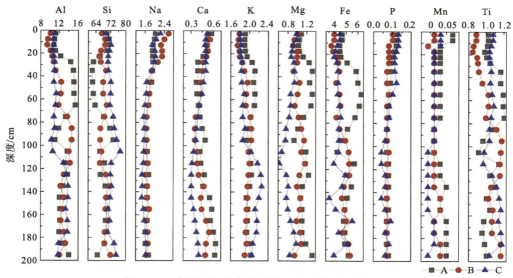

图 2.21 浅层沉积物中的常量元素含量分布特征图

横轴表示元素含量，单位为%

MgO 和 TFe$_2$O$_3$ 含量变化显著相关，总体上 C 处含量最低，B 处次之，A 处波动较大，这与 A 地处红树林边缘同时靠近海有关，潮流和波浪的冲刷使得该处氧化还原条件也在不断变化，而 Fe 在研究区湿热的条件下更容易在沉积物中积聚。在红树林沉积物中，Fe 可能以多种形式存在，氧化还原条件会诱导 Fe 和 Mn 以氧化物的形式沉淀，作为其他金属的吸附或共沉淀介质。在红树林不同位置沉积物中的 TiO$_2$ 含量变化很大，不同层位沉积的 TiO$_2$ 含量也不同。基于元素比值可以克服或降低沉积环境以外因素对元素分布影响的原则，本小节研究选择 Sr/Ba、CIA 和 Rb/Sr 作为主要因子进行分析（图 2.22）。

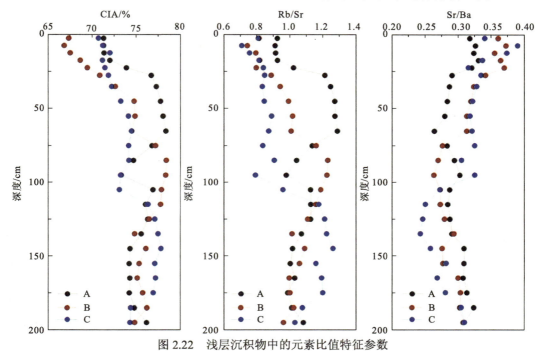

图 2.22 浅层沉积物中的元素比值特征参数

研究区 A、B 和 C 沉积物中 CIA 值范围分别为 71.25～78.33（平均值 74.99）、71.67～78.83（平均值 74.21）和 70.65～77.73（平均值 74.10），表明人类活动以来研究区气候温暖湿润，风化作用中等。CIA 值在 0～25 cm 较低，说明该时期风化作用程度减弱，在 B 中 CIA 值最小是因为红树林的根系发达，植被覆盖避免沉积物强烈风化。

Rb/Sr 对地表风化作用有明显的指示意义，Rb 和 Sr 是在地球化学行为方面既有明显差别又有联系的微量元素，由于 Rb 的离子半径较大，具有很强的被吸附性能，易被黏土矿物吸附而保留在原地或近距离迁移，相比之下离子半径较小的 Sr 比较活泼，主要以游离态形式随地表水或地下水迁移。海相沉积环境中的 Sr 含量较高，Rb/Sr 对气候变化和地表化学风化过程有明显的指示意义。研究区 A、B 和 C 沉积物中 Rb/Sr 在 1 m 以下时基本大于 1，1 m 以上大体在 0.7～1.3 波动，指示了现代海陆交互作用下潮流带走了 Sr 而 Rb 留在原地，使得不同位置的 Rb/Sr 有所差异。

Ba 通常与大陆径流有关，它与金属元素的相关性揭示了在此期间大陆水域对红树林沉积物中这些金属的供应和分布的强烈影响。Sr/Ba 主要反映水体的盐度变化及相应的气候条件，高值指示高盐度/炎热干旱气候，为海相沉积，低值指示低盐度/温湿气候，为淡水沉积。Sr 和 Ba 的特点是易与 O 形成化合物，在表生风化作用中，Sr 和 Ba 以重碳酸盐、氯化物和硫酸盐的形式迁移，$BaSO_4$ 的溶解度比较低，Sr 的硫酸盐和碳酸盐的溶解度也比较小，但溶液酸性增加时，其溶解度会有所增加。研究区 A、B 和 C 沉积物中 Sr/Ba 自下而上整体呈现略微增大的趋势，但其值均小于 0.4，表明该区域气候温热湿润。

柱状沉积物中稀土元素的含量和分布规律记录着不同时期稀土元素叠加的历史变迁，因此，东寨港红树林湿地柱状沉积物稀土元素含量的变化可能反映东寨港周边养殖业及自然生态环境的时间变化。对研究区沉积物的稀土元素数据分别进行球粒陨石和北美页岩组合样归一化后绘制稀土元素配分曲线（图 2.23），不同位置的曲线均具有相同的配分模式，说明 2 m 沉积物源一致，均为当地母岩风化而来。

浅层沉积物中 TC、TOC 和 TN 含量及 C/N 自下而上整体呈增大趋势，而 $\delta^{13}C$ 和 $\delta^{15}N$ 值自下而上总体减小（图 2.24）。有机碳含量（TOC）和有机质组成（TOC/TN、$\delta^{13}C$、$\delta^{15}N$）的演变历史表明，伴随人类活动不断加剧，该区域植被类型发生了显著改变。TOC 和 TN 含量逐渐上升，指示了有机质的迅速、大量输入，初级生产力的提升使得有机质快速积累和埋藏。

图 2.25 所示为研究区红树林林缘和林内不同层位沉积物的 $\delta^{13}C$ 和 C/N 散点图。研究区的红树植被主要为秋茄树群落，是典型的 C3 植被，红树林叶片凋落后在原地积累使得沉积物中有机质不断在原地沉积，植物的凋落物在沉积过程中会因为微生物降解而减少，但红树林生长于海陆交互带，东寨港潮汐模式为半日潮，潮水的反复淹浸会使沉积环境处于缺氧状态，从而使红树林下有机质分解速率降低，得以不断累积埋藏。

脂类生物标志物是沉积物有机质中能够溶于醚、苯、氯仿等有机溶剂而不溶于水的化合物，包括正构烷烃、脂肪酸、多环芳烃、烷醇、三萜系化合物、甾醇等，它们结构多样性和生物特异性较强，由于其来源的特异性和相对抗降解性，可以用于识别沉积物中有机质来源。正构烷烃（n-alkanes）、正烷醇（n-alkanols）和正脂肪酸（n-fatty acid）代表着不同的植物来源，可以作为不同植被有机质的指纹，但目前还不能很好地区分红树林和陆生植物的有机质类型。

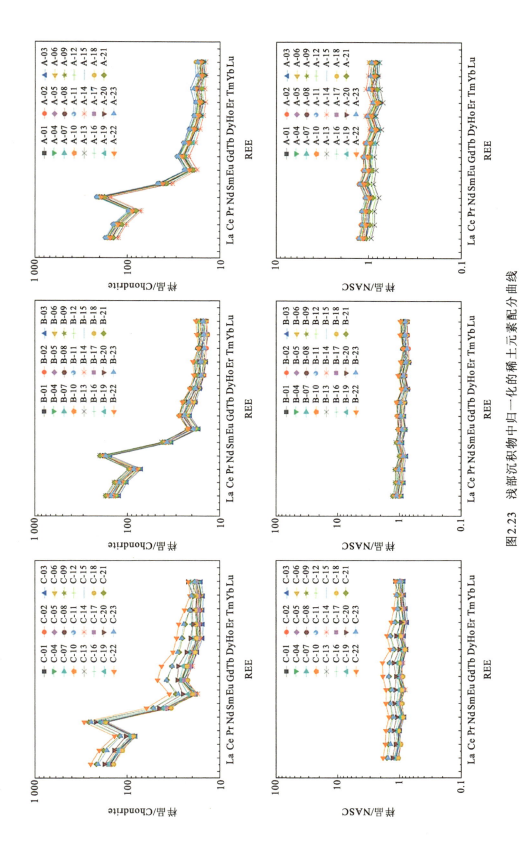

图 2.23 浅部沉积物中归一化的稀土元素配分曲线

REE为rare earth elements, 稀土元素;

B和A沉积物使用球粒陨石 (Chondrite) 归一化的稀土元素配分曲线;

B和A沉积物使用北美页岩组合样 (NASC) 归一化的稀土元素配分曲线

第一排图片表示研究区C、B和A沉积物使用球粒陨石 (Chondrite) 归一化的稀土元素配分曲线;
第二排图片表示研究区C、B和A沉积物使用北美页岩组合样 (NASC) 归一化的稀土元素配分曲线

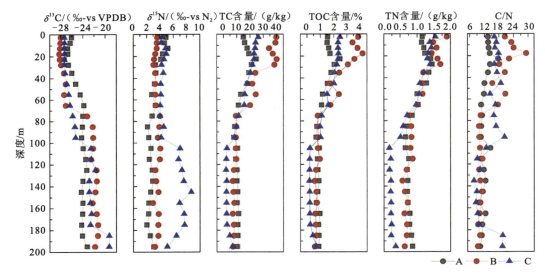

图 2.24　浅层沉积物中有机质及碳氮同位素的垂向分布图

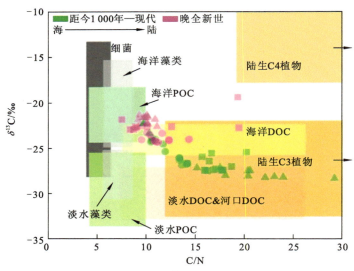

图 2.25　浅层沉积物中 $\delta^{13}C$ 和 C/N 指示有机质来源

正方形、圆形和三角形符号分别代表 A、B 和 C

　　沉积有机质中正构烷烃的长链组分（即烷烃分子的碳骨架上拥有 27～33 个 C 原子）来自高等植物，中链组分（21～25 个 C 原子）来自挺水或沉水的宏观藻，而短链组分（15～20 个 C 原子）来自浮游藻类（表 2.6）。其中长链正构烷烃（C_{27}，C_{29}，C_{31}，C_{33}）是红树林叶片表面表皮蜡质的特征成分，是表征陆源有机碳的经典指标，指示了高等植物有机质输入，包括红树植物和陆生植物。浅层柱状沉积物 A、B 和 C 中 ΣC_{15}～C_{35} 的含量范围分别为 3.04～16.79 μg/g（平均值 9.52 μg/g）、4.63～23.36 μg/g（平均值 11.00 μg/g）和 0.49～13.54 μg/g（平均值 3.05 μg/g），显然在红树林内部正构烷烃总含量是最高的，红树林茂密区红树林叶片是该处烷烃含量最高的直接贡献。

表 2.6　钻孔沉积物中脂类生物标志物烷烃含量描述性统计结果

指标	Pr/Ph			CPI			ACL		
编号	最大值	最小值	平均值	最大值	最小值	平均值	最大值	最小值	平均值
A	0.43	0.03	0.22	4.81	1.83	3.18	29.79	28.46	29.29
B	2.13	0.13	0.43	3.25	1.08	2.68	30.04	26.66	29.54
C	0.84	0.08	0.44	4.66	0.36	3.23	30.36	28.87	29.73

指标	TAR			$\Sigma T/\Sigma M$			Paq		
编号	最大值	最小值	平均值	最大值	最小值	平均值	最大值	最小值	平均值
A	36.07	2.28	9.44	12.47	1.32	4.31	0.50	0.19	0.28
B	13.24	2.41	4.80	9.24	1.10	2.84	0.72	0.17	0.25
C	27.86	2.35	9.34	13.15	1.18	4.70	0.35	0.06	0.21

指标	H/W			$\Sigma C_{15} \sim C_{35}$ 含量/$(\mu g/g)$		
编号	最大值	最小值	平均值	最大值	最小值	平均值
A	0.45	0.29	0.37	16.79	3.04	9.52
B	0.49	0.27	0.40	23.36	4.63	11.00
C	0.65	0.08	0.41	13.54	0.49	3.05

姥植比（pristane to phytane ratio，Pr/Ph）由 Brooks 等（1969）提出，随后由 Powell 和 McKirdy（1973）进一步完善。Pr/Ph 被广泛用于指示氧化还原沉积条件，Pr/Ph <1（指示缺氧条件）常在碳酸盐岩/蒸发岩中发现；Pr/Ph>4 表明陆生植物对环境的贡献较大；Pr/Ph 在 1～4 则指示沉积环境中较为中性或轻度氧化的条件，常见于湖泊、浅水环境或近岸区域。在沉积柱 A、B 和 C 中，Pr/Ph 范围分别为 0.03～0.43（平均值 0.22）、0.13～2.13（平均值 0.43）和 0.08～0.84（平均值 0.44），几乎所有样品的 Pr/Ph 小于 1，表明研究区沉积环境在人类活动以来常处于缺氧条件。但在钻孔 B 的约 27 cm 和 105 cm 处 Pr/Ph 分别为 1.63 和 2.13，这表示该时期沉积环境相对其他时期富氧。

碳优势指数（carbon preference index，CPI）估计了奇/偶数碳链相对丰度，指示了沉积物中正构烷烃的来源，可表征有机物质的新鲜与古老程度。CPI >1 表示奇数碳链大于偶数碳链，沉积物输入的有机质为植物源；CPI <1 表示沉积物中细菌、藻类和降解有机质的输入。在沉积柱 A、B 和 C 中，CPI 范围为 1.83～4.81（平均值 3.18）、1.08～3.25（平均值 2.68）和 0.36～4.66（平均值 3.23），所有样品的 CPI 都大于 1，说明研究区的 2 m 沉积物中有机质都来源于植物，且正构烷烃以奇数碳链为主。在所有钻孔中，B 的 CPI 值最低，表明研究区自人类活动以来的植物源有机质输入较外侧区域贡献更大。

平均碳链长度（average chain length，ACL）是由 Cranwell 等（1987）提出用以描述陆地和海洋输入的相对含量，可表征植被的种类变化与降解程度。陆生植物（C3）叶片蜡质组分在 C_{27} 时表现出 C_{max}，因此趋近于较低的 ACL 值，而禾草（C4）叶片蜡质组分

在 C_{31} 时表现出 C_{max}，因此趋近于较高的 ACL 值。在沉积柱 A、B 和 C 中，ACL 值范围为 28.46～29.79（平均值 29.29）、26.66～30.04（平均值 29.54）和 28.87～30.36（平均值 29.73），ACL 值在不同位置的变化微小，其值大多介于 28～30，尤其是在 1～2 m 沉积层中，表明该区域为植被混合生长区。在红树林内表层 10 cm 处 ACL 值为 26.66，表明红树林茂密生长区以 C3 呼吸的红树为主。

陆生与水生植物比（terrestrial aquatic ratio，TAR）是长链烷烃和短链烷烃的比值，由 Bourbonniere 和 Meyers（1996）提出，用来估算陆源和水生有机质输入到沉积物中的量。该参数值越低，表明表浮游植物/藻类衍生有机质在河口沉积物中更为显著，而高值表明红树林沉积物中高等植物衍生的不成熟有机质占主导地位。陆源/海相（terrigenous/marine，$\Sigma T/\Sigma M$）能较准确地指示沉积有机质来源，即陆源或海源有机质输入。在沉积柱 A、B 和 C 中，TAR 值和 $\Sigma T/\Sigma M$ 值的范围分别为 2.28～36.07（平均值 9.44）、2.41～13.24（平均值 4.80）、2.35～27.86（平均值 9.34）和 1.32～12.47（平均值 4.31）、1.10～9.24（平均值 2.84）、1.18～13.15（平均值 4.70）。一般情况下，当海源有机质输入比例较高时，TAR、$\Sigma T/\Sigma M$ 和 ACL 值较低。因此，从研究区钻孔沉积物中 TAR 和 $\Sigma T/\Sigma M$ 来看，人类活动以来该值总体增大，表明陆源有机质在不断增加。

Paq 指数表征中链正构烷烃（C_{23}，C_{25}）相对于长链正构烷烃（C_{23}，C_{25}，C_{29}，C_{31}）的相对丰度，能够指示沉水或浮水植物、挺水植物和陆生植物对有机质的相对贡献。Paq（也称为 Pmar-aq）用于研究在新西兰以阿维森纳滨海红树林为主的亚热带河口，Paq 低值（0.01～0.25）表明有机质主要来自陆源输入，较低值（0.25～0.4）表明有机质来自陆生和潮间带混合输入，中值（0.4～0.6）表明有机质来自红树林等水生植物，高值（>0.6）表明有机质来自水生植物和海洋大型植物。在沉积柱 A、B 和 C 中，Paq 的范围为 0.19～0.50（平均值 0.28）、0.17～0.72（平均值 0.25）、0.06～0.35（平均值 0.21），由此可知研究区在人类活动以来的埋藏有机质主要以陆源输入为主。

草本植物与木本植物比值（herbaceous/woody，H/W）（特征烷烃丰度的比值）代表基于特定链长正构烷烃计算的草本植物与木本植物之间的分子化石贡献关系，较高的值（0.5）表明草地生物量的优先贡献。在沉积柱 A、B 和 C 中，H/W 值的范围为 0.29～0.45（平均值 0.37）、0.27～0.49（平均值 0.40）和 0.08～0.65（平均值 0.41）。在所有沉积物样品中 H/W 值大多小于 0.5，表明在人类活动以来研究区植被类型始终以木本植物为主。

根据图 2.26 可知，海洋到近陆红树林沉积物中 ACL 值逐渐增大，不同位置的 CPI 值差异很小，说明近陆的高等植物有机质输入更显著。总烷烃含量在近海红树林沉积物中更高，其中长链烷烃与总烷烃变化一致，说明红树林沉积物中的有机碳积累以陆生高等植物有机碳输入为主。

红树林叶片角质层中的三萜醇，包括稳定的蒲公英萜醇（taraxerol），携带分子指纹进入碎屑和邻近的沉积物，是进行古红树林重建的有效指标。海口红树林海岸带样品检出的蒲公英萜醇含量为 15.07 μg/kg。在本次研究中没有检测出该目标化合物，但检测出羽扇豆醇等特征化合物，这类生物标志物也存在于红树属、对叶榄李（Laguncularia racemosa）和海榄雌属（Avicennia）的叶片中。

脂类标记物中甘油二烷基甘油四醚（glycerol dialkyl glycerol tetraethers，GDGTs）中 GDGT-0/1/2/3 和 Crenarchaeol 源自古菌，支链 brGDGTs-I/II/III 源自细菌，其中 Crenarchaeol

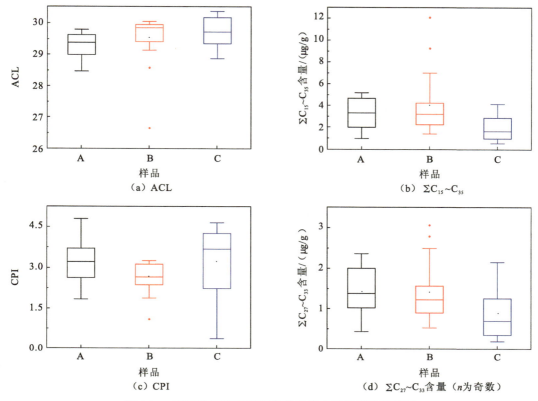

图 2.26　不同位置浅层沉积物的烷烃含量及指数箱线图

为泉古菌醇。支链和类异戊二烯四醚（branched and isoprenoid tetraether，BIT）指数对土壤和海洋有机质的贡献尤为敏感，土壤中 BIT 指数为 0.89 ± 0.06，而海洋有机质中 BIT 指数为 0.11 ± 0.09。据图 2.27，海洋到近陆红树林沉积物中 BIT 指数逐渐增大。近陆红树林沉积物中 BIT 指数显著更高，接近土壤端元的 BIT 指数，而近陆红树林沉积物中 BIT 指数表现出海洋与土壤有机质的混合特征。

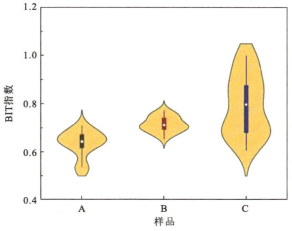

图 2.27　不同位置浅层沉积物的 BIT 指数小提琴图

综合脂类生物标志物含量及其参数分析，东寨港在人类活动以来沉积环境常处于缺氧条件，该时期为河口淹水环境。植被覆盖主要以陆生植被为主，其中包括大面积红树林的生长和发育。

2.3.4　全新世东寨港区域环境及植被演替史

上述研究结果清晰地描绘了晚更新世以来东寨港红树林湿地的历史和当代环境变化。在数千年的地质历史时期，这一地区经历了从海洋环境到河口环境的实质性环境转变。图2.28综合呈现沉积特征、主要地球化学特征和植被群落特征，全面总结了整个全新世的关键特征。

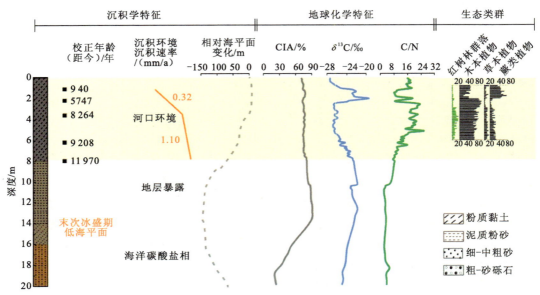

图2.28　岩心表征的沉积特征、主要地球化学特征和植被群落特征

负号和正号方向分别表示相对海平面下降和上升；虚线仅表示相对海平面变化的趋势；生态类群数据以花粉数量百分比统计

整个全新世较大的 TOC 和 C/N 值反映了植被的发育，沉积物样品的孢粉组成反映了中全新世以来的植被格局。显然，至少在 9 000 年前，红树林就开始在海南岛定植。在沉积物中发现的红树林花粉中，*Bruguiera* 是最丰富的，表明了它的优势地位。值得注意的是，根据现有文献，红树林群落的先锋物种通常局限于 *Avicennia*、*Rhizophora* 或海桑属（*Sonneratia*）。因此，理论上红树林在东寨港的定植时间比本书研究提出的更早，*Rhizophora* 可能是东寨港红树林湿地的先锋植物，沉积物记录中有 *Rhizophora* 花粉的存在。花粉生态类群还表明红树林在整个中全新世经历了扩张和收缩，这可能与海平面波动和气候变化有密切关系。在全新世晚期，*Pinus* 和陆均松属（*Dacrydium*）的比例较高，这表明普遍的干旱条件导致红树林分布面积减少。

沉积物中不同有机碳特征和粒度反映了人类干预下周围稀疏或稠密植被和沉积环境能量动态的差异。与红树林边缘区域相比，红树林中心区域内的沉积物具有更高的 TOC、

TN 含量和更细的粒度，这可归因于更旺盛的红树林积累了更多的有机质。此外，红树林内低能量的沉积环境将阻止再悬浮作用，从而阻碍沉积物的进一步氧化。

2.4 本章小结

红树林动态变迁遥感解译结果表明 1988～2019 年东寨港红树林面积总体呈下降趋势，人类活动（养殖与耕地）是红树林分布格局发生改变的主要原因。1988～2009 年红树林整体处于积极的自然生长状态，而 2009～2019 年红树林生长状况变差，与东寨港前期人为活动带来的污染有关。遥感解译结果显示潮汐强度对红树林的生长发育情况有显著影响，离铺前港越近或者越靠近海水，水动力作用（潮汐）越强烈，红树林的总体植被覆盖度越低；而在靠近内陆和远离河水海水的地方，水动力作用（潮汐）相对较小，这些区域的红树林生长也相对较好。

利用元素地球化学、同位素示踪和孢粉技术，从碳循环角度出发，追溯了红树林在不同时间尺度下有机质输入的来源，并识别了全新世以来东寨港红树林湿地沉积环境的风化、氧化还原条件波动等化学过程。结果表明上世纪中叶以来，细粒沉积物（<63 μm）中有机质的大量累积为红树林优势群落的生长发育提供条件。平均沉积速率在潮流方向达到 1.29 cm/a，而红树林内和靠岸方向均约 1.0 cm/a。潮流在很大程度上影响了红树林湿地的沉积速率，水动力是红树林湿地不同位置沉积差异的主要因素。此外，2～6 m 连续沉积物中均有红树花粉，其中红树科、红树属、木榄属、角果木属、秋茄树属等已经发育，指示红树林的生长要求一定的生境，先锋红树植物的生长改变了水动力状况，涨潮时带来的物质沉积影响土壤水分、盐分状况，为真红树的生长创造了条件。如此不断发展，加速了滩地的堆积和向海的发展，使岸滩逐渐演变为陆地。

第3章

咸淡水交互过程及其水文地球化学特征

红树林湿地含水层中咸淡水交互过程控制着物质循环和能量交换,直接影响红树物种的生长发育。滨海含水层咸淡水交互过程受到多种因素的影响,现有的理论模型研究表明,潮间带潜水含水层可能形成不稳定的上部盐水羽(upper saline plume, USP),或者不存在 USP,这主要取决于潮间带的坡度、潮汐振幅和内陆淡水补给量等条件(Evans and Wilson, 2016; Greskowiak, 2014)。而红树林潮滩地形起伏通常较小,同时也容易沉积大量的细粒沉积物,导致含水层渗透性较小,使内陆淡水补给较低,在这些因素的共同作用下,红树林湿地潜水含水层的咸淡水交互过程变得复杂。

目前,红树林湿地含水层地下水排泄研究集中在潮间带地表 3 m 以内,注重浅表海水–地下水交换过程,虽然这些研究未能捕捉到潮间带含水层中的咸淡水界面,但是均推测了含水层深部存在地下淡水的排泄(Li et al., 2022; Xiao et al., 2019a; Xia and Li, 2012)。然而,由于缺乏红树林湿地潜水含水层深部咸淡水交互的实例,现有研究对咸淡水交互过程下的水文地球化学动态认识存在局限。红树林湿地作为潮间带重要的生态系统,有针对性地查明湿地含水层中生源要素的分布模式,可以更好地理解咸淡水交互过程中各类水文生物地球化学作用及其效应。因此,本章以东寨港红树林湿地为典型研究场地,建立多水平地下水监测剖面,通过多期次采样分析,查明红树林湿地含水层中各关键水化学指标与生源要素浓度的时空动态,研究水文生物地球化学过程对咸淡水交互的响应,为进一步明确咸淡水交互过程对红树林湿地生态的影响效应提供基础。

3.1 红树林湿地野外监测场地建设与监测

3.1.1 多水平监测剖面建设

在研究区内选择一处典型红树林潮滩作为监测场地(19°59′11.04″N,110°34′18.36″E),监测场地靠近东寨港港口,内陆有大范围的海水养殖池塘,场地内红树物种以红海兰(*Rhizophora mucronata*)为主。监测场地北侧 600 m 和南侧 800 m 共有 4 口深度 8 m 的机民井。场地周围发育有 4 条潮沟(TC),按潮沟深度分别为 TC1(深度约 3 m)、TC2(深度约 2.5 m)、TC3(深度约 2 m)和 TC4(深度约 0.5 m),其中 TC2 与内陆渠道相连,该渠道用于高位养殖咸水补给和养殖废水排泄[图 3.1(b)]。

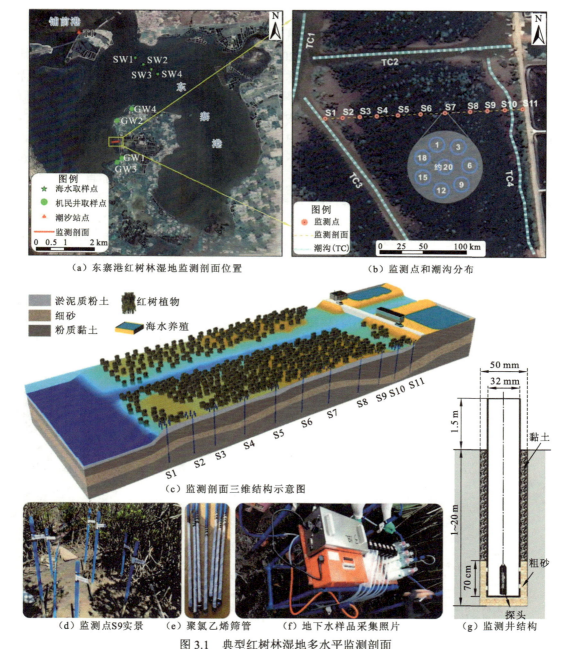

（a）东寨港红树林湿地监测剖面位置　　　　　　（b）监测点和潮沟分布

（c）监测剖面三维结构示意图

（d）监测点S9实景　　（e）聚氯乙烯筛管　　（f）地下水样品采集照片　　（g）监测井结构

图 3.1　典型红树林湿地多水平监测剖面

（b）中监测点 S7 处的放大代表井群分布，其中数字表示井群中每个监测井的深度

在监测场地内部建立了一条与岸线垂直的多水平监测剖面，监测剖面贯穿监测场红树林湿地，总长约 220 m，距潮沟 TC2 70 m［图 3.1（a）］。监测剖面上设有 11 个监测点，相邻监测点间距为 20～30 m，靠近海洋和岸边间距小，中部间距大［图 3.1（c）］。每个监测点由 8 个不同深度的监测井组成井群系统［图 3.1（b）和（d）］，中心的监测井最深（约 20 m，到达贝壳碎屑岩），其他采样井距离中心 70 cm，按顺时针从浅到深排列，依次为 1 m、3 m、6 m、9 m、12 m、15 m 和 18 m［图 3.1（b）］。建立监测剖面之前，

在监测点 S11 东侧 4 m 处钻取地表以下 21 m 内的沉积物岩心，该岩心底部到达贝壳碎屑岩，可以代表该监测剖面含水层的地层概况和沉积物特征。

多水平地下水监测剖面的建立时间为 2019 年 10 月 28 日～2019 年 11 月 15 日，均在当日低潮时段开展建井工作。由于红树林内部根系错综复杂且表层土质极其松散，无法将大型钻井设备运至湿地内部，同时为了降低监测剖面建设工作对红树林湿地的破坏，选用 50 mm 钻头的小型水压钻机在红树林内部作业[图 3.2(c)]。该钻机工作面积约 4 m²，依靠螺旋钻头将沉积物打散，再利用钻头中心的高速水流将打散后的沉积物冲出井内，通过水流带出的沉积物碎屑可以大致判断不同深度的岩性。同时，考虑地表沉积物松散，钻机实际工作过程中钻杆容易发生摆动，在钻深井时，预计钻孔深部直径为 70～80 mm，浅部直径为 90～110 mm。每个监测井的具体建立流程如下：①准备对应深度的聚氯乙烯（polyvinyl chloride，PVC）管（外径 32 mm，内径 28 mm），在地表预留 1.5 m 左右，PVC 管底部以上 70 cm 为开孔部分，外部缠有双层聚对苯二甲酸乙二酯（polyethyleneterephthalate，PET）纱网，底部用 PVC 管塞封住，防止泥沙灌入[图 3.2(e)]；②用 50 mm 钻头的小型水压钻机钻井，并记录不同深度的沉积物碎屑岩性；③将准备好的 PVC 管插入钻孔中，并在钻孔与 PVC 管之间倒入 2～5 L 细砂，然后再用黏土、淤泥覆盖，防止海水直接灌入；④待所有采样井建设完之后，用空压机清洗每个监测井，具体方法是将空压机管插入 PVC 管中，利用高压气体将管内的泥沙随水一起冲出来；⑤在每个采样井中插入一根 10 mm PU 管，用于后期抽水。

（a）监测点S1、S2附近的　　　　（b）低潮时红树林高密度区　　　　（c）小型水压钻机作业
红树林低密度区　　　　　　　内部的工作通道

（d）监测点S1实景　　　　　　（e）高潮采样　　　　　　　　（f）低潮采样

图 3.2　红树林湿地监测剖面实景

3.1.2 监测剖面结构测量

基于监测剖面建立时的岩性记录及区域水文地质资料确定监测剖面的水文地质结构，总共可以分为 4 层，其中第 2～4 层受 1605 年琼州大地震的影响，空间上厚度不均。它们由浅至深依次为：第 1 层的淤泥质粉土层，也是大量红树林植物根系与底栖生物洞穴的主要层位，厚度在地表以下 3 m 内；第 2 层的粉质黏土层，厚度为 5～15 m，在监测点 S4、S5 附近厚度较小，在监测点 S11 附近厚度增大至 15 m；第 3 层的中细砂层，剖面上厚度变化较小，为 3～4 m；第 4 层和第 2 层同为粉质黏土层，该层底板起伏较小，底板深度在潮间带地表以下 20～21 m 内。第 4 层下部为胶结较好的贝壳碎屑岩，厚度在 10 m 以上。在第一期次地下水监测完成后，选用降水头试验测量不同层位的渗透系数，顶部淤泥质粉土层中存在许多红树林植物根系和底栖生物洞穴，渗透性较好，渗透系数为 1.0～2.8 m/d，粉质黏土层的渗透系数为 0.1～0.5 m/d，中细砂层的渗透系数为 3.6～7.2 m/d。

由于红树林湿地内植被高大茂密影响卫星信号，根系错综复杂、表层沉积物极为松散影响测量设备安置，不易采用全站仪等技术测量监测剖面地形。因此选用 3D-LiDAR 和水准仪完成地形测量，首先使用 3D-LiDAR 对监测剖面地形进行三维建模，然后利用水准仪测定若干控制点相对高度，最终将监测剖面地形的相对高度转换为当地潮汐基准面下的高程。测量结果表明，监测点 S1～S11 的最高点在 S8 附近，约 1.8 m，最低高程在潮沟 TC4 附近，约 0.8 m，红树林生长区平均坡度为 1%。

3.1.3 监测场地样品采集

监测场地样品采集对象主要为水体和沉积物，其中沉积物样品来源于监测点 S11 附近沉积岩心，水体样品则包括港内海水、监测剖面地下水及内陆机民井地下水。除沉积物样品为一次采集，各类水体样品采集均分为三个期次，分别为：①2020 年夏季，8 月 21～29 日；②2021 年冬季，1 月 9 日；③2021 年夏季，7 月 28～30 日（表 3.1）。每日采样一次，采样时间为当日高潮或低潮时段（图 3.3），共计 13 组水体样品（表 3.1）。鉴于监测剖面建立与第一次样品采集之间相隔 10 个月，采样前每个监测井周边的沉积物在重力作用下会更贴合 PVC 管，取样效果更优。同时，在第一期次采样前，仍用空压机冲洗每个监测井，一是确保所有监测井的筛管部分都可以正常进水，另外也是减少监测井底部的细粒沉积物，达到更好的监测/采样效果。

表 3.1 红树林湿地监测剖面水体样品采集及数量

采样周期	采样次数	采样日期	潮位	水体样品及数量/个		
				剖面地下水	海水	内陆地下水
第一期 2020 年夏季	1	8 月 21 日	低潮	88	4	4
	2	8 月 22 日	高潮	88	0	0
	3	8 月 23 日	低潮	88	0	0

采样周期	采样次数	采样日期	潮位	水体样品及数量/个		
				剖面地下水	海水	内陆地下水
第一期 2020 年夏季	4	8 月 24 日	高潮	88	4	0
	5	8 月 25 日	低潮	88	0	0
	6	8 月 26 日	高潮	88	4	4
	7	8 月 27 日	高潮	88	4	0
	8	8 月 28 日	高潮	88	4	0
	9	8 月 29 日	低潮	88	4	0
第二期 2021 年冬季	10	1 月 9 日	低潮	88	4	4
第三期 2021 年夏季	11	7 月 28 日	低潮	88	0	0
	12	7 月 29 日	低潮	88	4	4
	13	7 月 30 日	低潮	88	4	4

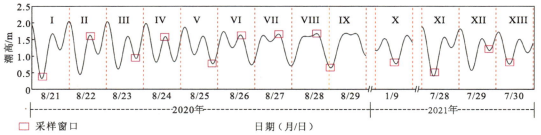

图 3.3　红树林湿地监测剖面多期次样品采集日期及潮汐状态

监测剖面地下水样品采样工具为 4 台 8 通道蠕动泵,每台蠕动泵可同时采集 8 个深度的地下水样品。为降低潮汐波动影响,需要在短时间内快速完成监测剖面样品采集,同时要尽量减少不同深度抽水对相邻含水层的扰动。因此,监测场地下水样品采集分为 4 组同时开展,蠕动泵抽水流量控制在 0.1 L/min 以内,总体采样时间控制在 30～60 min。受不同深度沉积物渗透性影响,每个监测井实际出水流量不同,最终不同监测井的取样体积为 0.5～1 L。部分采样期次内,在监测点 S1 周边及港内采集海水样品,在内陆机民井中抽取地下水样品,实际采样数量见表 3.1。此外,第一期采样过程中,在监测井 S1-21（S1-21 为监测井编号,S1 代表监测点 S1,21 代表监测深度为 21 m）、S6-3、S9-21 和 S11-21 筛管处放置了 4 个全自动地下水监测探头（Solinst Levelogger LTC,型号 3001）,以 5 min 间隔测量水位、电导率及温度。

3.1.4　样品测试与分析

沉积物样品测试指标包括总有机碳（TOC）和总氮（TN）,使用德国元素公司的元素分析仪测定,测试精度为 ±0.1% 和 ±0.01%。海水和地下水样品测试包括现场指标[pH、电导率（electrical conductivity，EC）、盐度、Eh、DO 和碱度]、氧化还原敏感指标（S^{2-}、Fe^{2+}、NO_2^-、NO_3^-、NH_4^+）、溶解性有机碳（DOC）、阴离子、阳离子、可溶性有机质激发发射矩阵荧光光谱（excitation-emission matrix fluorescence spectrum，EEMs，也称三维荧光光谱）和氢氧同位素。现场指标使用便携式水质多参数分析仪和滴定法测定，氧化还原敏感指标浓度在取样之后及时用紫外分光光度计测得。DOC 浓度使用总有机碳分析仪，在高温（680 ℃）环境下用不可吹扫模式进行测定，分析精度为±2.0%。阴阳离子分别用离子色谱法（ion chromatography，IC）和电感耦合等离子体原子发射光谱法（inductively coupled plasma atomic emission spectroscopy，ICP-AES）进行测试分析，分析精度为±3.0%。三维荧光光谱采用日立公司的荧光光谱仪测定。氢氧同位素通过同位素质谱仪进行测试，分析精度为±0.1‰。

在获取溶解性有机质（DOM）的三维荧光光谱之后，用平行因子分析（parallel factor analysis，PARAFAC）对 EEMs 进行建模，以确定 DOM 荧光成分。PARAFAC 使用迭代式三维矩阵分解算法，并采用交替最小二乘原则，将三维荧光数据分解为若干具有唯一对应发射波长极值的荧光组分。选用 MATLAB R2021b 软件的 drEEM 工具箱（ver.0.2.0）进行 PARAFAC 分析，对所有的 EEMs 矩阵进行处理，每个矩阵对应 176 个发射波长和 51 个激发波长。数据被分为 6 个随机子集，其中 3 个子集用于建模，另外 3 个用于模型验证。每个 EEMs 子集从 3 个组分模型逐步增加到 7 个组分模型进行检验，并且将平行因子分析结果中每个荧光组分的最大荧光强度（F_{max}）作为各类荧光物质浓度和荧光组分强度的表征。

3.2 红树林湿地水文动态及咸淡水分布

3.2.1 孔隙水压力动态

由于监测剖面含水层盐度分布不均匀，剖面各位置水体密度也不同，所以测压水深与实际水深存在差异，无法根据测压水深判断含水层水力条件。因此，根据水体压强公式，本小节研究将探头读取的测压水深转换为孔隙水压力，最终 4 个监测井孔隙水压力波动如图 3.4 所示。结果显示，4 个监测井中孔隙水压力整体都响应于潮汐变化，其中孔隙水压力大幅突变是由抽水扰动造成的。井内孔隙水压力降低表明开始抽水，压力增大可能是抽水结束后抽水管内残余水回流至井中导致孔隙水压力突增。因为监测井 S1-21 处渗透系数相对较小，所以抽水后孔隙水压力恢复相对较慢。

从监测井 S11-21 和 S1-21 孔隙水压力关系可以看出，深部地下水排泄方向是从陆地到海洋。监测井 S9-21 孔隙水压力与 S11-21 非常接近，甚至在部分低潮期间明显高于监测井 S11-21，表明低潮时局部地下水可能从监测井 S9-21 排泄至监测井 S11-21。该现象可能与监测点 S9 和 S11 的高程有关，因为监测点 S9 相对 S11 高，在落潮时监测点 S9 的地下水水位会高于 S11，所以在埋深相同的情况下，监测井 S9-21 内孔隙水压力会高于 S11-21。另外，当潮位低于地表时，第二层低渗透性粉质黏土层和相对平坦的红树林地形会导致地下水水位缓慢下降，所以监测井 S6-3 的孔隙水压力在潮汐周期中变化相对较小。

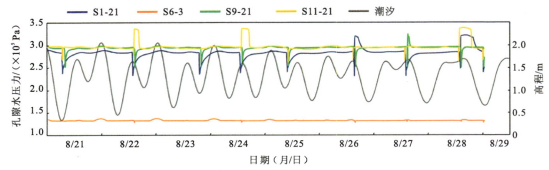

图 3.4　第一期监测剖面样品采集中孔隙水压力变化及铺前潮汐站点的潮汐动态

3.2.2 盐度分布

盐度作为海岸带研究中最常用的水体指标要素，对咸淡水物理混合过程有重要的指示作用。本小节研究使用普通克里金法，对 13 组地下水盐度数据进行空间插值。从空间分布结果中可以看出监测剖面含水层内存在明显的咸淡水交互界面[图 3.5 （a）]，含水层浅部为咸水区，深部为淡水区，该结果印证了之前研究中对红树林湿地含水层深部淡水排泄的推断（Li et al.，2022；Xiao et al.，2019b；Xia and Li，2012）。在本研究监测剖面中，咸淡水交互区呈非对称"U"形，咸淡水界面（约 20 ppt[①]）最深处位于监测点 S9 处，深度可达 18 m，监测点 S9 海陆方向的咸淡水界面深度逐渐减低，在监测点 S3～S5 范围，界面深度最低约 10 m。相比监测点 S3～S5 范围，S1～S3 范围内咸淡水界面深度有增加趋势，这与 Li 等（2022）在广东海陵岛红树林湿地研究中观察到的趋势类似。监测剖面咸淡水界面的整体空间分布与高渗透砂层相似[图 3.1 （c）]。

通过对比监测剖面含水层中盐度的时间动态，可以发现红树林湿地咸淡水交互区形状变化与砂质潮滩之间存在明显差异。砂质潮滩的相关研究中，咸淡水交互区存在较为明显的季节性变化：在内陆淡水补给较少的枯水期，咸淡水交互区范围明显增大，而在内陆淡水补给较大的丰水期，混合区面积也会减小，甚至也会响应潮汐周期波动（Heiss and Michael，2014）。而在本研究一年的采样周期中（2020 年夏季～2021 年夏季），监测剖面含水层咸淡水分布并没有呈现出明显的季节性波动。其中咸淡水交互区盐度波动最小，变异系数低于 0.2[图 3.5 （b）]。若忽略突变的盐度数据，监测点 S1～S6 深部地下水盐度总体随采样次数增加而降低。监测点 S11 深部盐度在前 9 次采样中基本稳定在 10～20 ppt，然而在最后 4 次采样中下降至 0～12 ppt，整体变异系数大于 0.5[图 3.5 （b）]。导致这种变化的可能原因包括：①监测点 S11 处取芯钻孔密封性较差，尽管取芯后用黏土将其填满，但井内沉积物未充分沉淀，以致地表水优先渗入，从而使得前 9 次采样活动中监测点 S11 和 S10 的盐度升高，随着后续沉积物的逐渐压实，深部盐分会被内陆方向淡水带走；②由于附近水产养殖的不规则抽水行为，在第一次采样期间降低了淡水水力梯度，导致咸水向内陆侵入（Shi and Jiao，2014），之后在后续两个期次中回归淡水状态。

---

① 1 ppt 表示 1 000 g 水中含有 1 g 溶解盐分

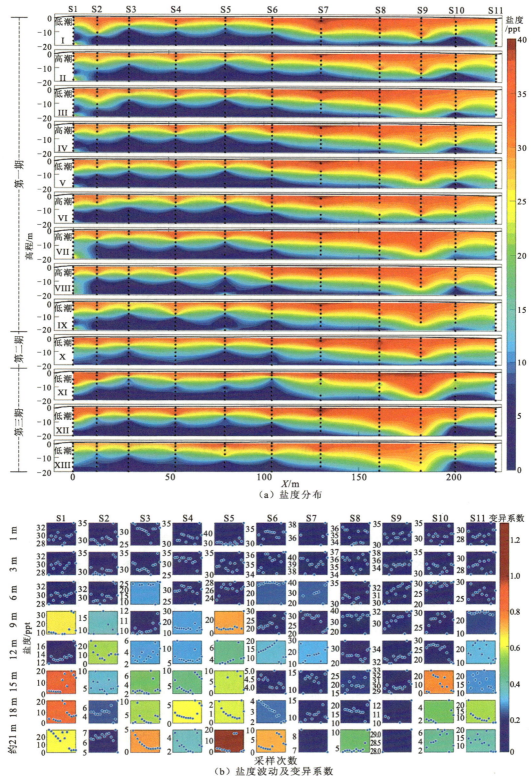

（a）盐度分布

（b）盐度波动及变异系数

图 3.5　13 次采样中盐度分布及采样期间监测井盐度波动和变异系数

值得一提的是，靠近海洋一侧盐度数据变异系数也相对较大。在第一期的 9 次采样结果中，监测井 S1-21 中地下水盐度约 20 ppt，然而在监测井建立期间及第二、三期次采样中，盐度范围为 2～5 ppt（图 3.5）。考虑到海洋一侧可能会存在由密度驱动的深层盐分循环，所以推测采样前的空压机洗井扰动了 S1-21 附近的沉积物，增大了局部的渗透性，从而导致海洋一侧深部的盐分迁移至 S1-21 处。随时间推移，S1-21 附近的沉积物会在重力的作用下再次被压实，使 S1-21 处的地下水回归为淡水。

监测场地的主要红树林物种为红海兰，红海兰与其他大多数红树植被一样，根系通常在地下 3 m 以内，其根系拒盐作用及叶片蒸腾作用会使大量盐分聚集在红树林湿地浅层，导致红树林茂密区（S3～S9）地下 3 m 深度内地下水盐度很高（32～40 ppt）。但随着深度降低，植物根系和底栖生物洞穴对垂直连通性的影响会变得更加明显，地下水更易与海水（约 30 ppt）混合，因此 1 m 深度的地下水盐度通常比 3 m 深度地下水盐度小 1～4 ppt（图 3.6）。

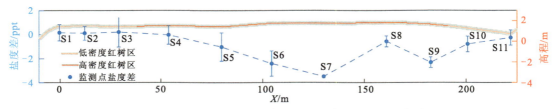

图 3.6　不同监测点 1 m 深度与 3 m 深度的地下水盐度差

盐度差以 1 m 深度盐度-3 m 深度盐度表示

3.3　红树林湿地水文地球化学特征

3.3.1　常规水化学指标

监测剖面地下水溶解氧（DO）、氧化还原电位（oxidation-reduction potential，ORP）、pH 和碱度在不同采样期次下的空间差值结果如图 3.7 和图 3.8 所示。4 个指标的整体分布趋势较为一致，并未呈现出与潮汐类似的规律性动态。多期次监测剖面地下水中 DO 浓度范围为 0.6～4.9 mg/L，高值主要位于红树林低密度区表层（图 3.7），虽然该区缺少红树植物根系带来的连通性，但存在大量底栖生物洞穴，DO 在涨潮阶段很容易被带入至含水层中，随深度增加，DO 供给减少，浓度也逐渐降低。相比之下，红树林高密度区（图 3.7）地下水中 DO 浓度整体较低，在 3 mg/L 以内。尽管该区表层大量红树植物根系和底栖生物洞穴会为表层含水层带来更好的连通性，但 DO 浓度仍然很低。导致这种现象的原因可能是红树林高密度区地形较高，被海水淹没的时间少于红树林低密度区，因此随海水带入的 DO 也相对较少；也可能与表层动植物活动有关，大量有氧生物活动过程会消耗溶解氧，使得 1 m 深度地下水中 DO 浓度更低（1 mg/L 左右）。之后随着深度增大，DO 浓度也略有升高，9 m 左右深度 DO 浓度升至最高，最后逐渐降低。

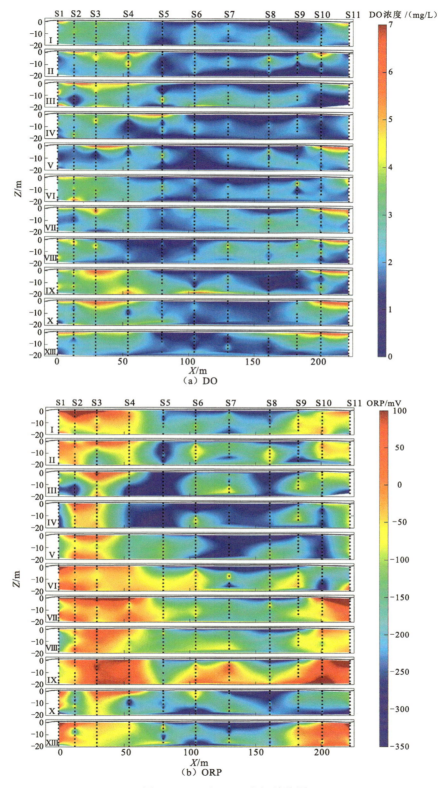

图 3.7　DO 和 ORP 空间差值图

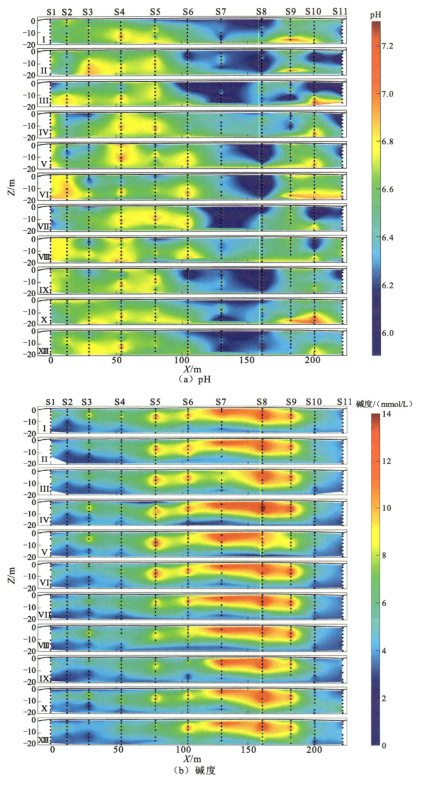

图 3.8 pH 和碱度空间差值图

地下水中 ORP 通常与 DO 浓度存在一定正相关关系，所以 ORP 时空分布与 DO 较为一致，需要说明的是由于第 9 次采样与第 8 次间隔时间较短（图 3.7），大量测试样品累积导致第 9 次总体测样时间较长，因此第 9 次地下水 ORP 会高于其他采样期次，后续 ORP 分布讨论将忽略该期次。监测剖面含水层地下水 ORP 范围为 $-328 \sim 67$ mV，整体偏还原环境，红树林低密度区含水层 ORP 相对红树林高密度区小 $100 \sim 200$ mV，同时由于红树林高密度区表层地下水 DO 浓度很低，ORP 也更低，且随深度增加 ORP 先增大后减少。

监测剖面地下水中 pH 范围为 $6.1 \sim 7.1$，呈弱酸性，且波动较小，所有监测井 pH 变异系数均在 0.05 以内。pH 时空分布与 DO 和 ORP 存在一定差异，在监测点 S1～S6 区域，随着深度增加，pH 先增大后减小，最高值在 $9 \sim 15$ m 深度。在 S6～S9 区域，地下水 pH 最低（小于 6.4）。在 S9～S11 区域，地下水 pH 随深度增加而增大（图 3.8）。

地下水中碱度时空分布相对其他基本水化学指标更加稳定，浓度范围为 $2.9 \sim 14.1$ mmol/L。在监测点 S1～S10 区域，随着深度的增加，地下水中碱度先增大后减小。但不同监测点地下水碱度高值区的深度存在差异，监测点 S7 处深度最小，两侧碱度高值区深度逐渐增大至 $6 \sim 9$ m。监测点 S11 不同深度碱度变化趋势相对较小，整体浓度约 4 mmol/L（图 3.8）。

不同端元处 pH、ORP、DO、碱度与盐度关系如图 3.9 所示，盐度大小变化指示了咸淡水的物理混合过程。其中 pH 与盐度之间存在较好的负相关关系，内陆机民井地下水 pH 略低于监测剖面地下水，而港内海水 pH 远高于监测剖面地下水，证明红树林湿地含水层咸淡水交互过程中存在明显的生物地球化学反应，导致不同端元 pH 分布的差异。结合监测点深度信息（图 3.9 中散点颜色）可以判断含水层深部存在产生 H^+ 的生物地球化学过程，浅部则存在消耗 H^+ 的过程。地下水 ORP 与盐度之间相关性较弱，且内陆方向地下水和港内海水 ORP 均高于监测剖面地下水，表明咸淡水物理混合过程并不主导含水层氧化还原条件变化。监测剖面地下水浅部和深部的 ORP 均有较大的波动范围，指示红树林湿地含水层浅部和深部氧化还原条件差异较大。地下水中 DO 与盐度之间相关性也较弱，与深部地下水 DO 浓度波动相比，浅部地下水 DO 浓度波动范围更大，说明浅部不同位置 DO 的补给与消耗差异较大。陆地和海洋端元水体 DO 浓度均高于监测剖面地下水，是因为港内海水和机民井地下水均可直接与大气中氧气进行交换，同时海洋端元更为开放，所以 DO 浓度接近室温下 25 ℃饱和值（8 mg/L）。监测剖面地下水中碱度以 HCO_3^- 为主，与盐度存在较好的正相关关系。内陆方向地下水和海水碱度均小于监测剖面地下水，表明红树林湿地含水层中存在产 HCO_3^- 反应过程。同时随着盐度增加（深度降低），碱度的范围也在逐渐增加，指示含水层浅部的产 HCO_3^- 过程更为明显。

不同端元水体中稳定同位素组成与大气降水线关系如图 3.10 所示，δD 范围为 $-44.3‰ \sim -4.7‰$，$\delta^{18}O$ 范围为 $-6.6‰ \sim -0.6‰$。所有端元水体中氢氧同位素之间存在良好的线性相关关系（$R^2 = 0.998$），可用公式 $\delta D = 6.656\delta^{18}O - 0.734\,46$ 表示。随着盐度增加氢氧同位素不断富集，表明监测剖面地下水均来源于内陆淡水和海水混合，海水-地下水混合过程主导了红树林湿地含水层地下水的稳定同位素组成。同时陆源地下水的氢氧同位素组成位于全球降水线（$\delta D = 8\delta^{18}O + 10$）上，接近当地降水线（$\delta D = 8.18\delta^{18}O + 12.25$）

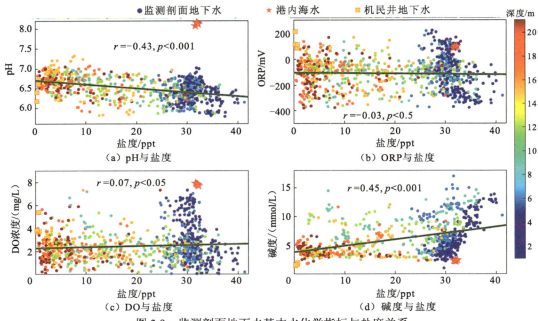

图 3.9　监测剖面地下水基本水化学指标与盐度关系

（胡甜 等，2022），指示了陆源地下淡水主要来源于降雨补给。红树植物拒盐过程不会明显影响地下水中氢氧同位素组成，但蒸腾过程会导致重同位素富集。因此，盐分高于海水的监测点氢氧同位素组成仍在关系线上，表明浅部地下水盐分增加的主要驱动因素是红树植物蒸腾作用。

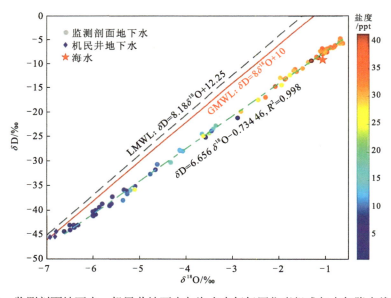

图 3.10　监测剖面地下水、机民井地下水与海水中氢氧同位素组成与大气降水线的关系

数据点颜色表示盐度；LMWL 为 local meteoric water line，当地大气降水线；

GMWL 为 global meteoric water line，全球大气降水线

3.3.2 水化学类型及矿物饱和度

上述分析表明红树林湿地地下水主要水化学指标在潮汐周期内并无明显差异，因此选择三个不同采样期的剖面地下水样品进行分析（图 3.11）。Piper 图中雨水到海水的连线代表保守的混合过程，其他端元与这条混合线的偏离程度可以指示不同的水化学过程。机民井地下水中的 Mg^{2+} 和 CO_3^{2-} +HCO_3^- 要高于保守混合线 10%左右，说明陆源地下淡水在流动过程中的水文地球化学反应倾向于输入 Mg^{2+} 和 CO_3^{2-} +HCO_3^-。在红树林湿地含水层的咸淡水交互过程中 Mg^{2+} 的变化趋势不明显，而 Ca^{2+} 的当量占比明显降低，表明混合过程中存在消耗 Ca^{2+} 的水文地球化学过程，例如含 Ca^{2+} 矿物的沉淀和阳离子交换等。三个采样期的监测剖面地下水化学类型主要为 Na-Cl 型，阴离子 Cl^- +SO_4^{2-} 当量占比沿保守混合线的增加也指示了混合过程的主导作用。

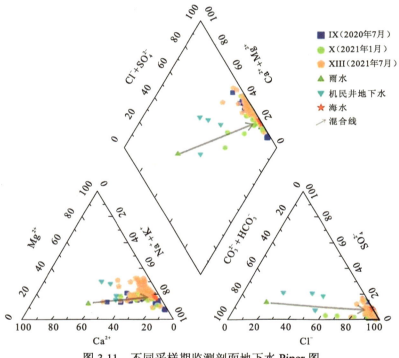

图 3.11 不同采样期监测剖面地下水 Piper 图

利用 PHREEQC 计算了与主要阴阳离子（Cl^-，SO_4^{2-}，S^{2-}，Na^+，Fe^{2+}，Fe^{3+} 和 Ca^{2+}）有关的矿物饱和指数（图 3.12），可以看出各矿物饱和指数在不同时间段的分布较为一致。方解石、石膏和石盐的饱和指数范围分别为-1.5~0.5、-3~0 和-4.5~-2，均属于非饱和状态，只有方解石饱和指数在第 10 次采样（2021 年 1 月）的监测点 S9 深部出现了过饱和的区域。由于监测场地第二层粉质黏土层中存在较多的贝壳碎屑，当方解石饱和指数较低时，可能会存在 $CaCO_3$ 的溶解。石膏和石盐的饱和指数分布趋势与盐度分布较为一致，饱和指数随深度增大而减小。针铁矿、磁铁矿和黄铁矿的饱和指数范围分别为-2~8、0~20 和 6~24，总体处于过饱和状态，表明红树林湿地含水层中有可能存在铁矿物的沉淀过程。

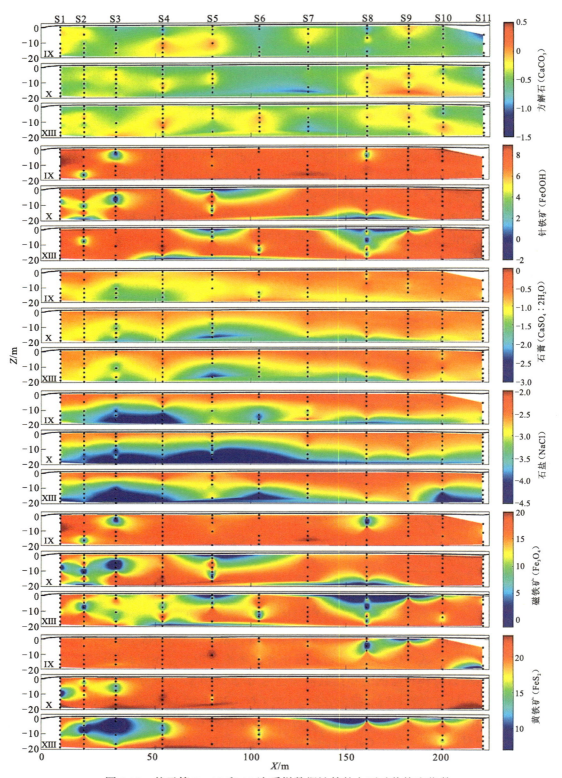

图 3.12 基于第 9、10 和 13 次采样数据计算的主要矿物饱和指数

3.4 生源要素时空动态

红树林湿地生源要素（C、N、S）的时空分布除了与咸淡水物理混合作用有关，微生物介导的各类氧化还原过程也占据了重要地位。滨海湿地中与各生源要素有关的微生物活动过程可以分为异养途径和化学自养途径，表 3.2（Arora et al.，2016）展示了之前研究识别的主要微生物反应过程（Heiss，2017；Liu et al.，2017a，2017b；Arora et al.，2016），从这些反应过程中不难发现与 C、N、S、Fe 关系密切的水化学指标包括 DO、碱度、pH 及各生源要素形态。

表 3.2　微生物介导的氧化还原反应

氧化还原反应途径	反应方程
异养途径	$DOC + 2O_2 \longrightarrow 2HCO_3^- + H^+$
	$DOC + 1.6NO_3^- \longrightarrow 2HCO_3^- + 4N_2 + 0.8H_2O$
	$NH_3 + 2O_2 \longrightarrow NO_3^- + H_2O + H^+$
	$NO_2^- + 0.5O_2 \longrightarrow NO_3^-$
	$NO_2^- + NH_3 + H^+ \longrightarrow N_2 + 2H_2O$
	$DOC + 8Fe^{3+} + 4H_2O \longrightarrow 8Fe^{2+} + 2HCO_3^- + 9H^+$
	$DOC + SO_4^{2-} \longrightarrow 2HCO_3^- + HS^-$
化学自养途径	$0.5HS^- + O_2 \longrightarrow 0.5H^+ + 0.5SO_4^{2-}$
	$Fe^{2+} + 0.25O_2 + H^+ \longrightarrow Fe^{3+} + 0.5H_2O$
	$HS^- + 1.6NO_3^- + 0.6H^+ \longrightarrow SO_4^{2-} + 0.8N_2 + 0.8H_2O$
	$Fe^{2+} + 0.2NO_3^- + 1.2H^+ \longrightarrow Fe^{3+} + 0.1N_2 + 0.6H_2O$

对地下水监测数据中与上述反应过程相关的指标做主成分分析（principal component analysis，PCA）和相关性分析，可以初步得出地下水溶液中各指标间的相互关系，结果如图 3.13 所示。在 PCA 中，根据盐度将所有测试数据分为 4 组：0～10 ppt（组 I）、10～20 ppt（组 II）、20～30 ppt（组 III）及大于 30 ppt（组 IV）。根据置信区间的交集大小可以看出，4 组数据中组 I～组 II 和组 III～组 IV 间区分较为明显。指向盐度大于 20 ppt 区域的变量有 NO_3^-、SO_4^{2-}、C1 组分、C2 组分、DOC、碱度及 S^{2-}，指向盐度小于 20 ppt 区域的变量主要为 C3 组分、pH 和 NH_4^+，而 ORP、NO_2^-、Fe 与盐度分区的关系却并不密切。

3.4.1　溶解性有机质

不同采样期次监测剖面地下水 DOC 浓度空间分布如图 3.14 所示，DOC 浓度范围为 0.2～1.0 mmol/L。在不同时间尺度上，从第一期采样（1～9 次）结果中可以看出，DOC 浓

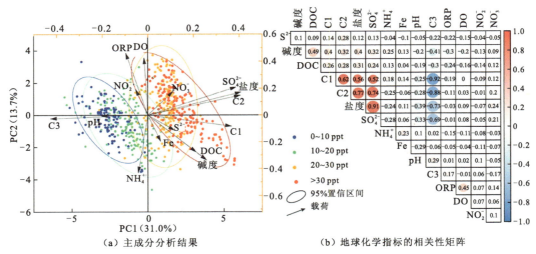

（a）主成分分析结果　　　　　（b）地球化学指标的相关性矩阵

图 3.13　主成分分析结果及地球化学指标的相关性矩阵

度动态模式与盐度相同，在不同潮位间并无明显规律，但从第一至第三采样期，监测剖面含水层 DOC 浓度逐渐增大。在空间分布上，高浓度 DOC 主要位于监测点 S1～S9 范围含水层上部（15 m 深度内），监测点 S5 的 12～15 m 深度含水层存在局部 DOC 浓度较高的现象，监测点 S10～S11 区域的地下水 DOC 浓度相对较低。结合红树植被密度，不难发现地下水 DOC 浓度分布与红树植被密度存在一定关系，在监测点 S6～S9 区域，相对较高的红树密度可能会向湿地含水层中输入更多的 DOC，而植被密度较低的监测点 S1～S4 范围地下水 DOC 浓度明显更低。同时，海洋中 DOC 的浓度相对地下水更低，为 0.2～0.4 mmol/L，因此受海水-地下水的混合影响，深部地下水 DOC 浓度可能稍高于表层，例如监测井 S8-6 的 DOC 浓度高于该点 1 m 和 3 m 深度的浓度，但这种物理混合带来的浓度差异并不如盐度明显。

　　根据 PARAFAC 模型识别到的监测剖面地下水溶解性有机质组分如图 3.15（a）所示，通过对半检验、随机初始化分析和残差分析等测试这三个组分，解释了 EEMs 数据矩阵中 99% 以上的总变化。其中 C1 组分（350/435 nm）为较常见的陆源类腐殖质，其分子量较高；C2 组分（395/500 nm）成分与土壤衍生的富里酸非常相似，分子量通常较高；C3 组分（325/390 nm）为海洋来源的低分子类腐殖质（刘笑菡 等，2012）。高分子组分（C1+C2）和低分子组分 C3 的占比分布如图 3.15（c）和图 3.15（d）所示，占比范围分别为 47%～75% 和 25%～53%。监测剖面上高分子组分占比随深度增加而降低，同时占比最高的范围仍然为红树林高密度区浅层，高达 75%，红树林低密度区的浅层高分子组分为 60%。

　　溶解性有机质组分荧光强度和盐度关系中 C1、C2 组分与盐度有较好正相关关系 [图 3.16（a）和 3.16（c）]，表明 C1 和 C2 组分的生物地球化学行为较为保守，因为这两种组分的分子量较大，不容易被微生物直接利用，所以影响其空间分布的主要是物理混合过程。C3 组分为低分子有机质，相对更容易参加各类微生物活动，因此与盐度的相关性较差 [图 3.16（e）]。然而 C3 组分相对占比却与盐度有很好的负相关性 [图 3.16（f）]，表明 C3 组分可能为 C1 和 C2 组分的降解产物，因此与 C1 和 C2 组分存在较好的相关性。C3 组分相对占比在监测剖面浅层的变化较大，指示浅部的微生物活动空间异质性较强。

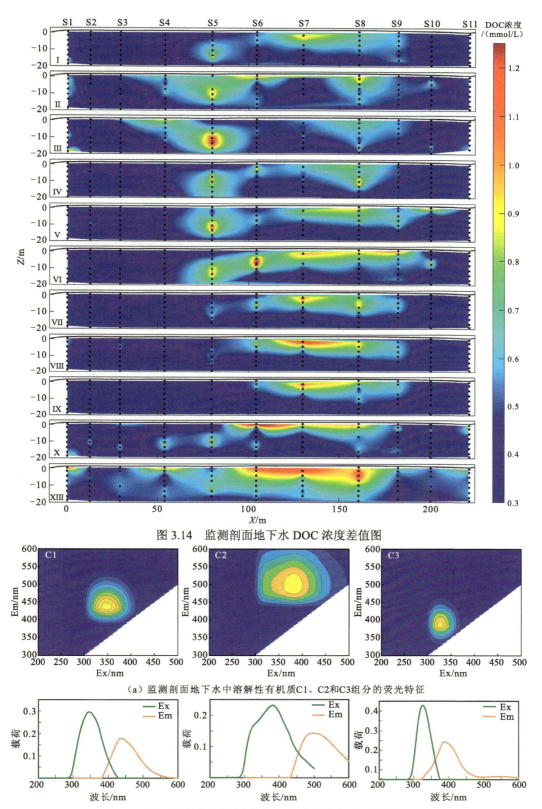

图 3.14　监测剖面地下水 DOC 浓度差值图

（a）监测剖面地下水中溶解性有机质C1、C2和C3组分的荧光特征

（b）三维荧光结果对应的激发（Ex）和发射（Em）载荷

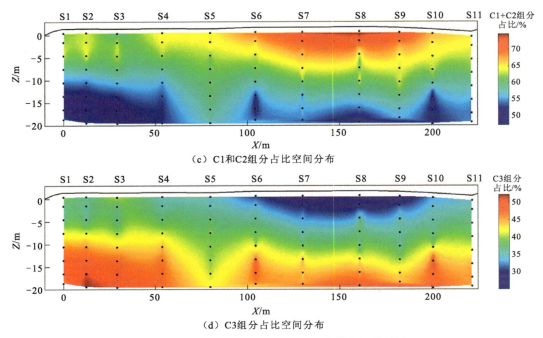

（c）C1和C2组分占比空间分布

（d）C3组分占比空间分布

图3.15　典型红树林湿地 DOM 三维荧光组分结果

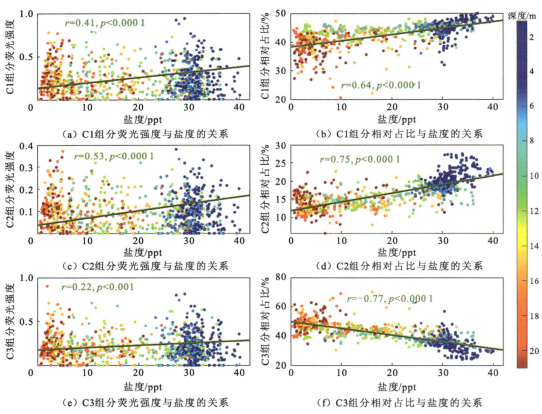

（a）C1组分荧光强度与盐度的关系

（b）C1组分相对占比与盐度的关系

（c）C2组分荧光强度与盐度的关系

（d）C2组分相对占比与盐度的关系

（e）C3组分荧光强度与盐度的关系

（f）C3组分相对占比与盐度的关系

图3.16　不同组分荧光强度和相对占比与盐度的关系

从微生物介导的各类氧化还原反应中可以发现与碳有关的过程主要是有机质的降解（表 3.2），包括微生物的有氧呼吸、硝酸盐还原、Fe^{3+} 还原及硫酸盐还原，在降解过程中同时也会产生无机碳（重碳酸）。由于 DOC 通常是作为电子供体参与微生物的各类反应，并且也容易消耗地下水中的溶解氧，所以随着 DOC 的增加，ORP 逐渐减少呈还原状态（图 3.17）。溶解性有机质组分中，伴随 C1 和 C2 组分荧光强度的降低，C3 组分相对占比呈现增大趋势，表明 C1 和 C2 组分变化趋势更大。C3 组分对 ORP 的影响最为明显，也间接说明 C1 和 C2 组分的生物地球化学行为相对更加保守。相比氧化区，还原环境下溶解性有机质的降解途径较多，所以还原区 C1 和 C2 组分荧光强度虽然较高但波动范围却更大。此外，聚集在拟合直线附近大多处于高盐区，并且组分相对占比与 ORP 的关系中高盐区组分相对占比更为集中，表明高盐区的有机质降解过程与 ORP 的相关关系更好。

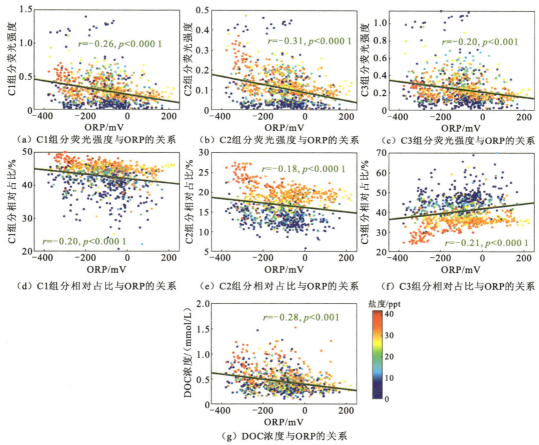

图 3.17　监测剖面地下水中溶解性有机质及其组分与 ORP 的关系

3.4.2　无机氮

监测剖面地下水中无机氮主要是 NH_4^+、NO_2^- 和 NO_3^-，时空分布如图 3.18～图 3.20 所示。在第一个采样周期（2020 年 8 月 25 日～2020 年 8 月 29 日）中，不同潮位下 NH_4^+ 的整体分布并无显著变化，浓度范围为 0.1～1.3 mmol/L，其中高浓度 NH_4^+ 主要分布在监

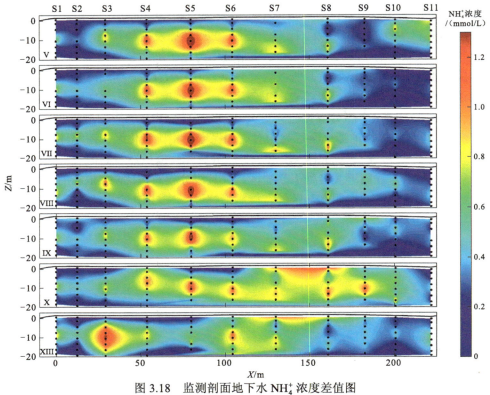

图 3.18　监测剖面地下水 NH_4^+ 浓度差值图

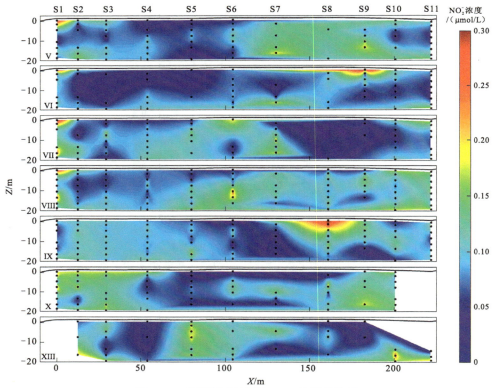

图 3.19　监测剖面地下水 NO_2^- 浓度差值图

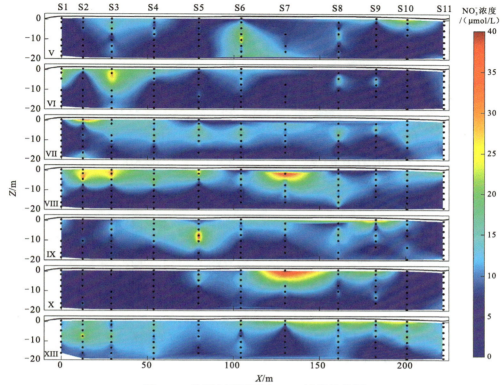

图 3.20　监测剖面地下水 NO_3^- 浓度差值图

测点 S1～S8 范围内的中部含水层。监测点 S7～S9 浅层（1～3 m 深度）地下水中 NH_4^+ 浓度略高于其他浅层区域。除第 5 次采样结果外，第 6～9 次采样结果中监测点 S10 和 S11 的 NH_4^+ 浓度相对较低。在 2021 年 1 月 9 日第 10 次采样中，NH_4^+ 在含水层中的分布范围相比第一个采样周期更大，高浓度区范围扩展至监测点 S10～S11。2021 年 7 月 30 日第 13 次采样中 NH_4^+ 的分布与第一期次的结果较为接近，存在一定差异的是监测井 S3-12 和 S5-12，这两口井中地下水 NH_4^+ 浓度分别增大和减小。相比分布较为稳定的 NH_4^+，NO_2^- 的时空分布模式并不明显，整体浓度偏低，浓度范围为 0.1～0.3 μmol/L（图 3.19）。但 NO_3^- 整体浓度较高，为 4.9～33.8 μmol/L（图 3.20），并且主要分布在红树林湿地浅层地下水中。由于第 6～8 次采样时段为高潮，监测点 S1～S5 表层地下水的 NO_3^- 浓度高于其他期次。

不同端元地下水无机氮和盐度的关系如图 3.21 所示，除 NO_2^- 外，NH_4^+ 和 NO_3^- 与盐度之间存在显著相关关系。监测剖面地下水中 NH_4^+ 浓度总体高于机民井地下水和港内海水，表明红树林湿地含水层中存在产 NH_4^+ 的过程，同时也能看出 NH_4^+ 高值区主要位于含水层中部（8～12 m）。监测剖面周边机民井中地下水 NO_2^- 浓度范围较广，总体略高于监测剖面地下水。港内海水中 NO_2^- 的浓度最低，表明在监测剖面中 NO_2^- 的混合过程较为复杂。港内海水和机民井地下水中 NO_3^- 浓度均高于监测剖面地下水 10～20 倍，表明红树林湿地含水层中存在消耗 NO_3^- 的反应过程。由于地表径流也携带了大量生活及养殖农业活动带来的营养物质，所以港内海水 NO_3^- 浓度仍然很高。

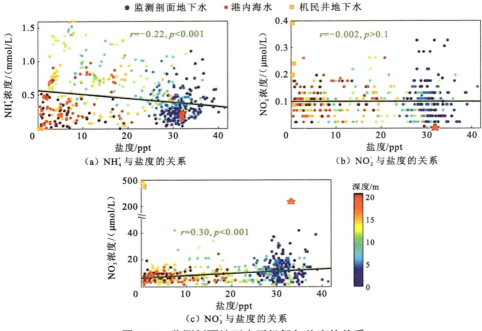

（a）NH₄⁺与盐度的关系

（b）NO₂⁻与盐度的关系

（c）NO₃⁻与盐度的关系

图 3.21　监测剖面地下水无机氮与盐度的关系

从图 3.22 中可以看出 NO_2^- 与 ORP、碱度及 C3 组分并无明显相关关系，表明其作为中间产物的生物地球化学行为并不稳定，总体浓度在地下水中也很低。NH_4^+ 在氧化环境

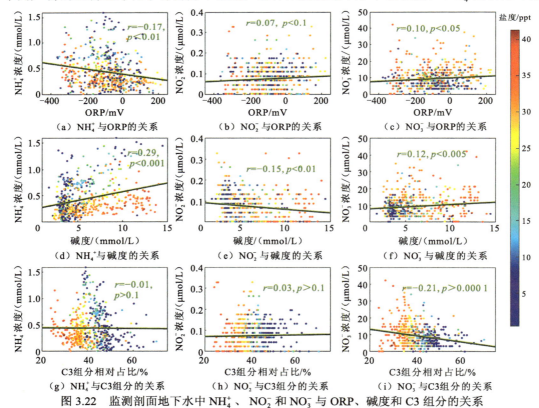

（a）NH₄⁺与ORP的关系　　（b）NO₂⁻与ORP的关系　　（c）NO₃⁻与ORP的关系

（d）NH₄⁺与碱度的关系　　（e）NO₂⁻与碱度的关系　　（f）NO₃⁻与碱度的关系

（g）NH₄⁺与C3组分的关系　　（h）NO₂⁻与C3组分的关系　　（i）NO₃⁻与C3组分的关系

图 3.22　监测剖面地下水中 NH_4^+、NO_2^- 和 NO_3^- 与 ORP、碱度和 C3 组分的关系

中会参与硝化过程，所以与 ORP 存在良好的负相关关系。NO_3^- 参与的反硝化过程也会产生大量 NH_4^+ 和重碳酸，因此 NO_3^- 与活跃组分 C3 有着较好的负相关关系，与碱度存在明显的正相关关系。但是高盐区域中 NO_3^- 浓度范围较大，可能是表层 NO_3^- 过程在空间存在较大的异质性。由于有机质降解过程中会同时生成重碳酸和 NH_4^+，所以 NH_4^+ 与重碳酸有良好的正相关关系。然而 NH_4^+ 与 C3 组分的占比并没有明显的相关关系，同时 NH_4^+ 在低盐区表现出更大的浓度波动范围，可能与低盐区域有机质空间分布的异质性有关。

3.4.3　无机硫

监测剖面地下水溶液中无机硫主要为硫酸盐和硫化物，对应的时空分布如图 3.23 所示。硫酸盐浓度范围为 0.7～26.1 mmol/L，主要赋存于含水层浅部，高浓度区分布深度从监测点 S6～S9 逐渐增大，然后在监测点 S9～S11 缓慢降低，整体分布与盐度接近。地下水中硫化物的浓度范围很大，为 0.4～576.8 μmol/L，只在 2021 年 1 月 9 日的第 10 次采样中，硫化物浓度较低，可能受冬季低温环境影响，硫酸盐还原过程减弱（Al-Raei et al.，2009）。除第 10 次采样结果外，含水层硫化物主要位于高红树密度区的浅部（监测点 S5～S9），实际采样过程中该范围也明显存在刺鼻的臭鸡蛋味道。

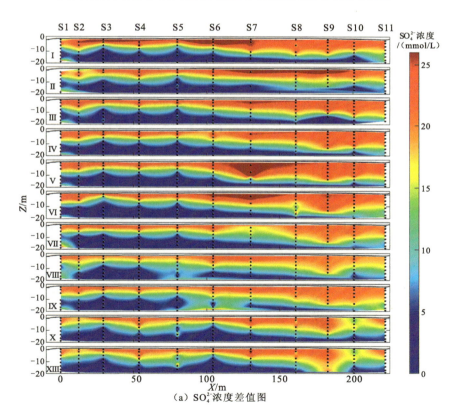

（a）SO_4^{2-} 浓度差值图

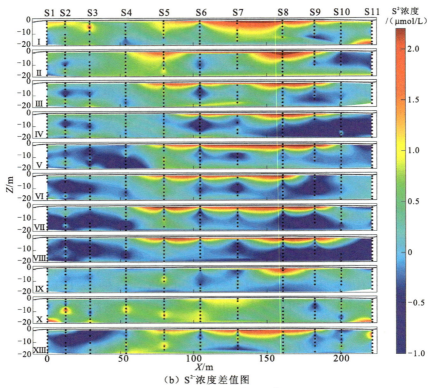

（b）S²⁻浓度差值图

图 3.23　监测剖面地下水 SO_4^{2-} 和 S^{2-} 浓度差值图

（b）中 S^{2-} 浓度值取 $\log_{10}$ 展示

硫酸盐与硫化物和盐度都呈正相关关系，其中硫酸盐与盐度的相关性最好（图3.24）。机民井地下水和港内海水中硫化物的浓度都很低（约 0.1 μmol/L），表明红树林湿地含水层中存在活跃的产硫化物过程，并且硫化物浓度随深度降低而升高，深部的硫化物浓度波动较小。机民井地下水和港内海水中硫酸盐的浓度非常靠近拟合直线，指示硫酸盐在咸淡水交互过程中化学行为相对稳定，物理混合是影响硫酸盐分布的主要作用。

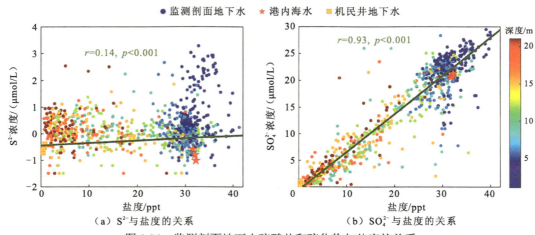

（a）S^{2-} 与盐度的关系　　　　　（b）SO_4^{2-} 与盐度的关系

图 3.24　监测剖面地下水硫酸盐和硫化物与盐度的关系

实心点的颜色代表采样深度；（a）中 S^{2-} 浓度值取 $\log_{10}$ 展示

与其他生源要素相比，硫酸盐与 C3 组分的相关性是最好的（图 3.25），表明硫酸盐还原过程不易受其他因素的影响。在高盐区硫酸盐含量也高，会有更多的 C3 组分参与硫酸盐还原过程，所以 C3 组分和 pH 会减少和降低。由于黄铁矿在含水层中属于过饱和的状态，硫化物会与铁和硫酸盐形成矿物沉淀，所以即使硫化物是硫酸盐的还原产物，它们的相关性也并不显著。同时在高盐区，硫化物的浓度范围变化很大，也指示了硫酸盐还原过程在红树林表层空间存在很强的异质性。虽然氨氮也是硫酸盐还原的产物，但是其与硫酸盐呈负相关，可能是因为高盐区主要位于地表，会发生明显的硝化过程，所以氨氮含量比较低。

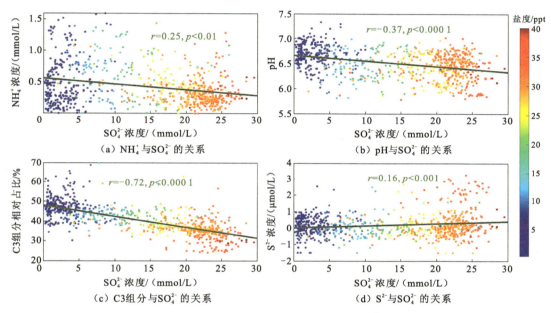

图 3.25　监测剖面地下水中 NH_4^+、pH、C3 组分和 S^{2-} 与 SO_4^{2-} 的关系

3.5　本 章 小 结

在东寨港红树林湿地多水平监测剖面建设的基础上，本章通过调查和监测获取了监测场地的地形、水文和水文地质结构数据，并开展了三个不同期次共计 13 次的地表水和地下水样品采集，查明了红树林湿地含水层中各关键水化学指标（盐度、DO、ORP、pH）与生源要素（C、N、S）的时空动态，识别了水文生物地球化学过程对咸淡水交互的响应过程，研究结果如下。

东寨港红树林湿地监测剖面含水层上部存在明显的咸淡水交互区，红树林密集区浅层地下水受红树植物蒸腾作用影响盐度高于海水 2~10 ppt，但 1 m 深度内海水-地下水混合作用较强，且盐度接近海水。咸淡水界面的延展与高渗透砂层保持一致，并且 13 次采样结果中咸淡水交互区的形状和大小没有显著变化。不同监测井孔隙水压力结果表明深部地下水排泄方向是从内陆到海洋，但低潮时靠近内陆一侧的地下水可能会向内陆方向排泄。

监测剖面地下水基本水化学指标中，碱度的时空分布相对最稳定，并且与盐度呈正相关关系。pH 与盐度有较好的负相关关系，ORP 和 DO 与盐度的相关关系并不显著，浅层地下水的 DO、ORP 和碱度范围相对较大。红树林湿地陆源地下淡水在排泄过程中的水文地球化学反应倾向于输入 Mg^{2+} 和 CO_3^{2-} +HCO_3^-，同时含水层内可能存在铁矿物的沉淀过程。

监测剖面地下水中生源要素（C、N、S）的空间分布与采样周期无明显规律。地下水中 DOC 浓度范围为 0.2～1.0 mmol/L，其中高分子组分（C1+C2）的占比为 47%～73%。DOC 浓度与高分子组分占比的高值区均位于红树林密集区浅层，并且随深度增加而降低。氨氮、亚硝酸盐和硝酸盐在采样期间的浓度范围分别为 0.1～1.3 mmol/L、0.1～0.3 μmol/L 和 4.9～33.8 μmol/L，氨氮主要分布在中部含水层，亚硝酸盐和硝酸盐主要分布在红树林湿地浅层地下水。硫酸盐和硫化物浓度分别为 0.7～26.1 mmol/L 和 0.4～576.8 μmol/L，且硫酸盐的空间分布与盐度一致；硫化物富集在红树林密集区浅部，浓度相比深部高 1～3 个数量级。

▶ 第4章

红树林湿地地下水排泄模式及其影响因素

在与红树林湿地类似的盐沼研究中，针对海水-地下水交换通量的量化研究取得了一些进展（Moffett et al.，2012），但是盐沼相关研究仍大多基于理论模型（Xiao et al.，2019b；Wilson and Morris，2012；Xin et al.，2012）。理论模型可以为红树林湿地海水-地下水混合特征提供重要参考，但仍需要等效的数值模型来更好地表征由低渗透介质组成的含水层中的地下水排泄模式。相关场地研究使用天然示踪剂或者达西定律量化了红树林湿地中含水层-海洋界面的流体交换（Li et al.，2022；Tait et al.，2017），这些研究定量计算了红树林系统中的总水体（淡水和盐水）交换量，然而受限于测量方法，无法识别咸/淡水的排泄模式。

过去十余年中，有学者利用数值模型来表征红树林含水层中的地下水流动和排泄特征（Xiao et al.，2019a；Xia and Li，2012），但主要是基于推测的含水层结构和咸淡水分布搭建均质结构数值模型，对红树林湿地含水层咸淡水排泄过程的认识仍然存在局限。因此，本章主要在获取红树林湿地监测场地地形、水文气象、水文地质结构等数据的基础上，以多水平监测剖面地下水监测数据为约束条件，率定关键水文地质参数，建立与实际条件等效的二维变饱和变密度水盐运移模型。利用等效的水盐运移模型识别红树林湿地地下水排泄特征，量化咸水和淡水的排泄通量，并研究红树林湿地潮间带地形、潮汐振幅、内陆地下水水位、含水层结构及渗透性对咸淡水交互过程的影响。

4.1 水盐数值模型建立

4.1.1 数学模型

研究选用开源的 PFLOTRAN 代码模拟等效的二维多孔介质变饱和变密度地下水流和溶质运移过程。PFLOTRAN 是一个大规模并行数值模拟代码（Hammond et al.，2014），采用面向对象的 Fortran 2003/2008 编写，并依靠 PETSc 框架提供底层并行数据结构和求解器用于可扩展的高性能计算（Balay et al.，2019）。该代码已被广泛应用于地下水多相流动和反应性物质生物地球化学传输过程的模拟（Wallace et al.，2020；Kumar et al.，2016；Liu et al.，2016a；Chen et al.，2013；Hammond et al.，2012）。PFLOTRAN 使用有限体积方法和隐式的牛顿-拉弗森（Newton-Raphson）算法求解变饱和多孔介质中流动和溶质传输的偏微分方程，其中基于理查德（Richard）方程的变饱和流动控制方程（Richards，1931）如下：

$$\frac{\partial}{\partial t}(\varphi s \rho) + \nabla \cdot (\rho \boldsymbol{q}) = Q_{\text{w}} \tag{4.1}$$

$$q = -\frac{k k_{\text{r}}(s)}{\mu} \nabla (P - \rho g z) \tag{4.2}$$

式中：φ 为孔隙度；s 为饱和度；ρ 为地下水溶液密度；t 为时间；q 为达西流速；Q_{w} 为源汇项；k 为饱和渗透率；k_{r} 为相对渗透率；μ 为黏度；P 为孔隙水压力；g 为重力加速度；z 为压力水头。

地下水溶液的密度和黏度根据水的状态方程由温度和压力计算得到，饱和度 s 和相对渗透率 k_{r} 的关系通过 van 模型（van Genuchten，1980）来描述：

$$z \geqslant 0 \text{ 时，} \quad S = 1,0; k_{\text{r}} = 1 \tag{4.3}$$

$$z < 0 \text{ 时，} \quad k_{\text{r}} = \sqrt{s_{\text{e}}} [1 - (1 - s_{\text{e}}^{1/m})^m]^2 \tag{4.4}$$

式中：s_{e} 为有效饱和度

$$s_{\text{e}} = \frac{s - s_{\text{r}}}{1 - s_{\text{r}}} = \left[\frac{1}{1 + (\alpha |\varphi|)^n} \right]^m \tag{4.5}$$

其中：s_{r} 为残余含水量；α 为描述介质孔隙大小的参数；n 为孔隙的均一度，$m = 1 - 1/n$。

保守组分（盐分）的溶质运移方程如下：

$$\frac{\partial C}{\partial t} = \nabla \cdot (\boldsymbol{D} \nabla C) - v \cdot \nabla C \tag{4.6}$$

式中：C 为盐分的浓度；v 为实际流速（达西流速比孔隙度）；水动力弥散张量 $\boldsymbol{D} = \{D_{ij}\}$ 如下：

$$D_{ij} = (\alpha_{\text{L}} - \alpha_{\text{T}}) \frac{v_i v_j}{|v|} + \alpha_{\text{T}} |v| \delta_{ij} + \tau D_m \tag{4.7}$$

式中：τ 为孔隙弯曲度；D_m 为分子扩散系数；α_{L} 和 α_{T} 分别为纵向弥散度和横向弥散度；δ_{ij} 为克罗内克函数。

4.1.2 模型区域

模型中的潮间带地形和含水层结构是根据测量结果确定的，海洋和内陆的含水层结构则是基于区域钻孔数据推测得出的。由于海陆过渡带受区域构造活动影响较大，监测剖面上的地层分布并不均一，利用各监测井成井过程中的编录信息和水文地质试验数据对含水层结构进行概化。钻孔记录表明，潮间带底部的贝壳碎屑岩顶板高程变化在 2 m 以内，因此将模型底部简化为水平方向平坦延伸。在潮间带范围的基础上，模型向海洋一侧延伸 80 m，向内陆延伸 330 m。虽然实际地表高程在监测点 S1 以西 30 m 处逐渐抬升，并且存在小面积的红树林生长，但本研究的重点是红树林监测剖面的地下水排泄过程，所以模型将潮沟 TC1 和 TC3 合并，忽略两个潮沟间的地形起伏。模型在内陆的延伸距离由潮汐效率（tidal efficiency，TE）控制，TE 是沿海含水层中地下水波动幅度与含水层-海洋边界潮汐波动幅度之比，当 TE 在 1%以内时，可以忽略潮汐波动对内陆地下水水位的影响，其数学表达式（Todd and Mays，2003；Ferris，1952）为

$$TE = \exp\left(-\frac{x}{x_0}\right) \tag{4.8}$$

$$x_0 = \left(\frac{Tt_0}{\pi S}\right)^{1/2} \tag{4.9}$$

式中：x 为观测井与海岸的距离；x_0 为潮汐周期；t_0 为沿海地下水系统中潮汐影响的时间尺度的参数；T 为含水层的导水系数；S 为含水层储水系数。

4.1.3　模型空间离散

确定水盐模型空间结构和范围后，需要对其进行空间离散。尽管高精度的离散可以降低模型数值振荡，提高模型计算精度，但计算量庞大，模型计算效率低。因此，综合参考多个海岸带模型研究案例，在地形起伏较小的潮间带进行网格细化剖分，水平和垂直的网格大小为 0.5 m 和 0.062 5 m，而潮间带其他方向的网格逐渐增大，垂直和水平的最大值分别为 0.5 m 和 10 m（图 4.1）。

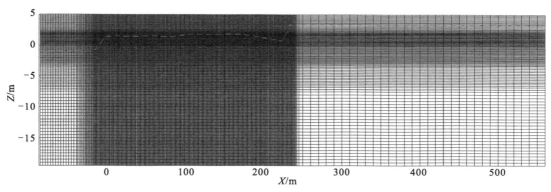

图 4.1　模型网格

红色虚线为地形线

模型网格离散以 Péclet 指数（$Pe = \Delta L/\alpha_L \leqslant 4$）和 Courant 指数（$Cr = v\Delta t/\Delta L \leqslant 1$）作为约束条件以减少数值振荡（Voss and Provost，2002），其中 ΔL 是两个相邻网格间的距离，α_L 是纵向弥散度，v 是地下水速度。对于本模型，Cr 最大值约为 0.13，符合约束条件。在 $X < 250$ m 范围内，X 和 Z 方向上的最大 Pe 分别为 3.3 和 0.5，满足 Pe 的约束条件。在 $X > 250$ m 的范围内，X 和 Z 方向上的最大 Pe 分别为 10 和 0.5，尽管 X 方向上的 Pe 超过了临界值，但在模型建立过程中测试了 $X > 250$ m 的网格大小，结果表明将 X 方向上的网格长度降低至 0.5 m 只会显著增加模型运行时间，对流场和盐度分布没有明显影响。因此，该模型网格离散设置总体符合约束条件。

4.1.4 模型边界条件

根据监测剖面上的主要水动力因素设定模型边界条件。虽然波浪会增强咸淡水的混合，但红树林密集交错的枝杆与根系会消除波浪，因此模型忽略了波浪作用。模型内陆垂直边界被设为静水压力边界，静水压力基准面处的压力与大气压相等，即基准面高程与地下水水位一致。鉴于实际监测结果并未表现出明显的季节波动，所以模型也忽略季节和人为活动带来的内陆地下水水位波动。根据监测期区域地下水的周边机民井水位和平均水力梯度（0.2%），将静水压力基准面设定为 2.6 m。

模型左侧、底部及不会被海水淹没的顶部设为无流量边界，含水层-海洋界面设为随潮汐变化的渗流边界。当静水压力水头超过地表高程时（即地表网格单元顶部），渗流边界采用狄利克雷（Dirichlet）压力边界条件。否则，只要网格内部水头压力超过大气压，就允许地下水从地表网格单元渗出。含水层-海洋界面的溶质边界条件设定为：向模型外浓度梯度为零，向模型内浓度恒定为 30 ppt。该浓度为监测期间在 S1 附近的地表水中测得的平均海水盐度。内陆垂直边界设置为恒定浓度 1 ppt，其他无流边界被设置为零溶质通量（图 4.2）。

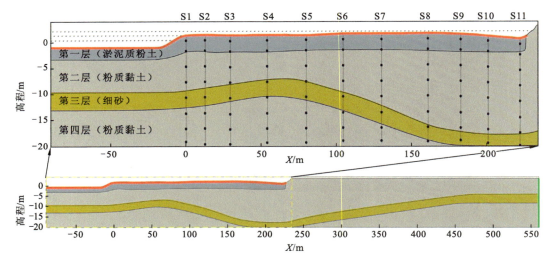

图 4.2 模型范围、边界条件、含水层结构和监测点示意图

红线代表渗流边界，绿线代表静水压力边界；从上到下的三条黑色虚线分别为高潮位（high tide，HT）、
平均海平面和低潮位（low tide，LT），黑色实心圆圈代表不同的监测深度

含水层-海洋边界的压力动态由潮汐确定，考虑水盐模型需要较长的模拟时间才能达到动态平衡状态，因此基于铺前潮汐站点 1 年的潮汐数据，选择振幅最大的 6 类潮汐组分（O1、K1、M2、S2、N2 和 P2，表 4.1）（Merritt，2004）合成人工潮汐信号（图 4.3）。

$$H_t = H_{\mathrm{MSL}} + \sum_{i=1}^{6} A_i \cos(\omega_i t - \theta_i) \qquad (4.10)$$

式中：H_t 为随时间 t 变化的潮位；H_{MSL} 为当地潮汐基准面下的平均海平面（mean sea level, MSL）。对于每个潮汐组分 i，A 为振幅，ω 为潮汐的角频率，θ 为相位。

表 4.1   用于合成人工潮汐信号的潮汐组分

符号	振幅/m	相位/rad	频率/(rad/天)
O1	0.322	2.854	5.84
K1	0.263	1.596	6.30
M2	0.309	1.171	12.14
S2	0.132	0.716	12.57
N2	0.058	−2.681	11.91
P2	0.085	2.563	6.27

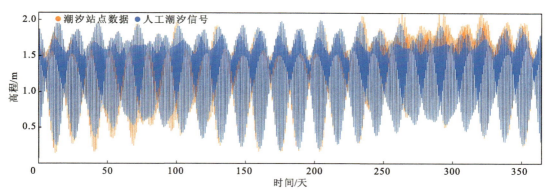

图 4.3   铺前潮汐站点数据与人工潮汐信号数据拟合结果

4.1.5   模型案例及参数设置

本小节研究建立一个基准模型和多个案例模型。其中基准模型（等效水盐运移模型）参数是基于实测数据校准确定的，经过率定后的关键水文地质参数见表 4.2。除第一层和第二层的水平与垂向渗透率根据不同模型案例中的情景进行修改外，其他参数在各案例模型中均为恒定值。需要说明的是，变饱和过程只存在于淤泥质粉土层（第一层），因此其他层位的变饱和参数不影响模型结果。基准模型确定后，根据不同情景通过设置不同的控制因素构建案例模型，这些控制因素包括其他砂质潮滩模拟研究案例中考虑的敏感性参数及本研究中红树林湿地潮滩结构特点。后者具体包括：模型地层结构参数（地形和含水层结构）、潮汐振幅参数、内陆地下水水位及含水层渗透系数非均质性 AN_k（$AN_k = k_H/k_V$）等。与之对应的模型设置分别为：①修改潮间带地形至单一坡度（即不考虑潮间带的地形起伏）和改变第三层含水层延展方向至水平向（即不考虑高渗透砂层的起伏）；②减少或扩大基准模型中人工潮汐信号的振幅为 50%或 1.5 倍；③将内陆地下水水位设置为 2.3 m 和 3.0 m；④将粉质黏土层的渗透系数非均质性 AN_k 设置为 1 和 10。

表 4.2　基准模型中关键参数

模型参数	第一层 淤泥质粉土	第二层和第四层 粉质黏土	第三层 细砂
孔隙度 a（φ）	0.35	0.4	0.3
纵向弥散度 b（α_L）/m	1	1	1
横向弥散度 b（α_T）/m	0.1	0.1	0.1
水平渗透率 a（k_H）/m^2	3.15×10^{-12}	2.10×10^{-13}	5.25×10^{-12}
垂向渗透率 a（k_V）/m^2	3.15×10^{-12}	1.05×10^{-14}	5.25×10^{-13}
残余含水量 c（s_r）	0.1	0.2	0.07
非饱和吸力参数 c（van Genuchten α）/Pa^{-1}	1.1×10^{-3}	1.0×10^{-3}	1.2×10^{-3}
非饱和孔隙分布指数 c（van Genuchten m）	0.5	0.5	0.5

注：a 为根据现场测量结果进行校准；b 引自 Gelhar 等（1992）；c 引自 Schwartz 等（2003）

　　基于以上控制因素，将案例模型分为两部分。一部分用于分析研究区红树林湿地含水层 USP 形态及其形成条件，按照上述 4 类控制因素建立案例模型矩阵，每类控制因素中包含对应的基准模型条件，最终这一部分案例模型共计 81 个。在这 4 类控制因素中，潮汐信号和内陆地下水水位的空间异质性相对较小，潮间带地形受湿地沉积环境影响有明显的空间异质性，红树林湿地表层根系发达程度及底栖生物洞穴发育程度会显著改变淤泥质粉土层（第一层）的垂向渗透性。此外，降水头试验获取的渗透系数为水平方向，垂向渗透系数主要基于实测盐度分布数据及孔隙水压力数据校准获得，因此红树林湿地含水层渗透系数在空间上也存在高度非均质性。第二部分案例模型则是重点研究建模过程中有较高不确定性的控制因素对地下水排泄时空动态的影响，分为 3 类：陆地-海洋边界形态（案例-T）、第三层相对高渗透性含水层延展分布（案例-S）和第一、第二层的渗透系数各向性（案例-P），每一类都包含两个案例模型。在案例-T1 模型中，将陆地-海洋边界上的地形简化为恒定坡度，在案例-T2 模型中将潮间带地形设置为平坦地形。在案例-S1 模型中移除第三层高渗透砂层，案例-S2 模型则是将第三层含水层改为水平分布。在案例-P1 模型中，考虑底栖生物洞穴对第一层垂向渗透系数的影响，将 AN_k 从基准模型的 1 增大至 10，案例-P2 模型的设计是为了评估第二层渗透系数各向异性的影响，该层可能受到 1605 年地震后沉积物压实的影响，在因此在案例-P2 模型中将基准模型中原有 $AN_k=20$ 降低至 $AN_k=10$。

　　因为水盐运移模型准稳态结果是确定的，那么初始盐分分布会影响模型达到准稳态所需要的时间。本研究在模型建立初期，尝试了多种盐分分布初始条件。首先参考同类研究的理论模型中常用的"半咸水/半淡水"分布，即海洋一侧均设置为咸水，内陆一侧均设置为淡水（类似图 4.4，案例-P2 模型），但模型中第四层低渗透介质会使盐分在该层中迁移缓慢，且海洋一侧深部的盐分很难被带出。研究还尝试仅在模型第一层设置高盐分分布，而第二层低渗透介质也会导致盐分向深部迁移缓慢。因此，为了缩短达到准稳态所需的运行时间，每个模型案例都调整了初始盐度分布（图 4.4），当模型内盐分变化小于 10 mol/a 时，视为已达到准稳态（图 4.5）。

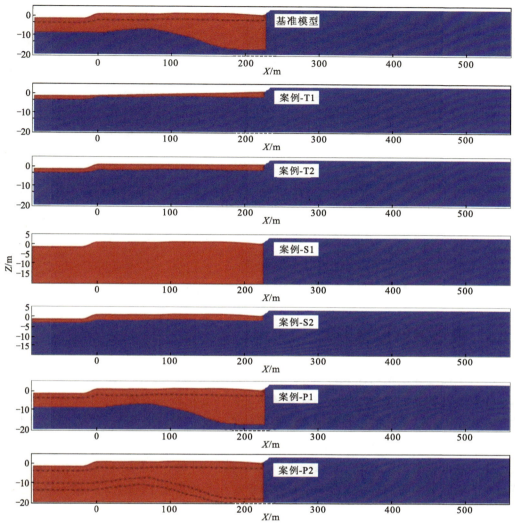

图 4.4　以第二部分案例模型为例的模型初始条件设置

红色区域地下水盐度为 30 ppt，蓝色区域地下水初始盐度为 1 ppt

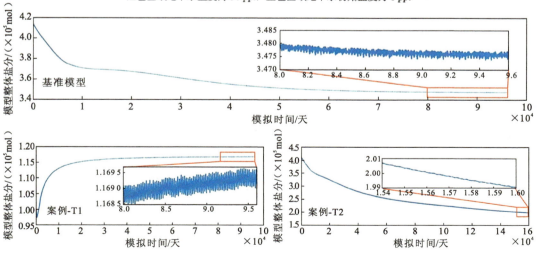

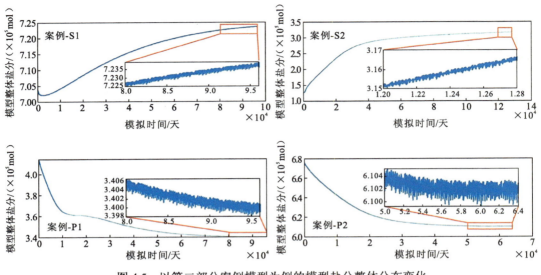

图 4.5　以第二部分案例模型为例的模型盐分整体分布变化

4.1.6　模型并行运算设置

所有水盐运移模型均在 MIT SuperCloud 云计算平台上运行（Reuther et al.，2018），由于计算节点和处理器核心数量与计算效率之间并非正相关关系，为了获得最佳的计算效率，本研究测试不同的节点数量和处理器核心数量，最终选择在 1 个计算节点上调用全部的 48 颗 Intel Xeon Platinum 8260 处理器核心求解数值模型。对于包含 61 480 个离散网格的基准模型，以 0.04 天的最大时间步长模拟 96 000 天需要 115 h（相同网格剖分模型在不考虑变饱和过程的 SEAWAT 程序中运行大约需要 1 600 h），最大程度上缩短了运行时间。

4.1.7　模型分析指标

选取两类模型指标定量计算海洋-含水层界面上咸淡水的交换量，其中海洋界面单元格的地下水排泄量计算公式为

$$Q_i = v\varphi x_i \qquad (4.11)$$

式中：Q_i 为第 i 个海洋边界网格的单宽流量，其正值代表流出模型，负值代表流入模型；v 为地下水实际流速；φ 为孔隙度；x_i 为第 i 个网格 X 方向上的长度。

海洋边界上不同网格淡水的海底地下水排泄（SGD）通量占比计算公式为

$$\text{Propotion}_{\text{saline SGD}} = (S_{\text{sw}} - S_i)/(S_{\text{sw}} - S_{\text{fw}}) \qquad (4.12)$$

式中：S_{sw} 为海水的盐度；S_i 为海洋边界网格的盐度；S_{fw} 为内陆地下淡水的盐度。

4.2　红树林湿地地下水排泄特征

4.2.1　基准模型结果与实测结果对比

1. 盐度

由于基准模型在达到准稳态之后一年内的盐度分布没有明显变化，因此图 4.6 中只展示了与第一个采样周期时间对应的模拟结果。总体盐度分布与图 4.5 所示的实际监测结果相似，不同监测深度中测量值与模拟值之间的拟合结果表明，71%的模拟盐度在 5 ppt 的置信区间内（$R^2=0.83$，平均误差为 3.3 ppt），总体拟合效果良好（图 4.7）。模拟结果与实测结果偏差较大的位置主要在监测点 S9～S11 的深层混合区，整体小于实测值；而在监测点 S1～S8 间，实测结果与模型结果拟合较好，平均误差为 1 ppt。

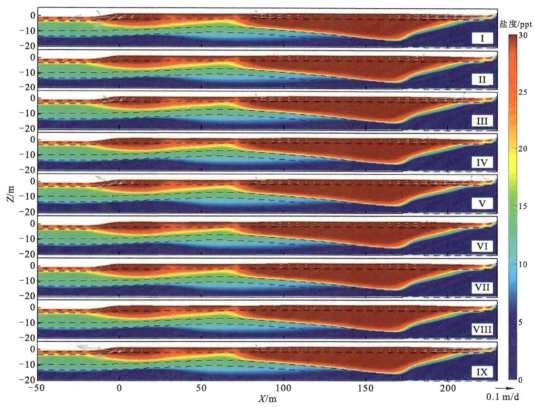

图 4.6　与第一个采样周期时间对应的盐度模拟结果

箭头代表地下水瞬时流速

在传统的海岸带模型中，无论是否存在 USP，近海一侧的底部通常会存在由密度驱动的咸水循环及楔形的咸淡水界面，然而模型中缺失了这一部分，这是第二层低渗透介质导致的。Zhang 等（2021）研究了低渗透层对不稳定 USP 的影响，结果表明在低渗透介质中，咸淡水界面与水平方向的夹角会更小，所以基准模型中咸淡水界面可能靠近第

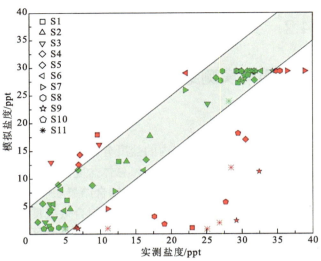

图 4.7　各个监测深度的平均测量盐度与模拟盐度的拟合结果

均方根误差（root mean square error，RMSE）=8.1 ppt；灰色区域为 5 ppt 的置信区间；

绿色和红色分别代表误差在置信区间以内和以外

一和第二含水层界面，那么很难在海洋一侧的有限长度中捕捉到淤泥质黏土层内的咸淡水界面。此外，在设置不同初始盐度分布条件时发现，若在 $X<0$ m 的所有区域内给定高盐度作为初始条件，则第四层中会出现盐水-淡水楔形界面，但这种现象是因为该区域附近的流速非常小，盐分难以排出，并非密度驱动的咸水循环所致，因此本研究中所有模型均未采用该初始条件。

2. 孔隙水压力

孔隙水压力模拟结果与实测结果有相同的变化趋势（图 4.8），这种变化是对潮汐波动的响应。人工潮汐信号的变化幅度小于实测潮汐变化［图 4.8（e）］，导致模拟孔隙水压力变化幅度也略小于实测压力［图 4.8（b）］。除了监测井 S6-3 外，其他三个监测井的实测与模拟孔隙水压力峰值都稍微滞后于潮汐峰值，其中实测的压力峰值滞后约 0.1 h，模拟压力峰值滞后约 0.2 h，这是因为涨潮期海水的入渗速度会慢于海水位的上升速度。监测井 S1-21 和 S11-21 的孔隙水压力实测和模拟峰值是同步的，尽管两者距监测剖面两端距离较远，但压力峰值都是在涨潮后约 1 h 出现［图 4.8（a）和（e）］。滞后时间相同可能与位于监测点 S11 附近的潮沟 TC4 有关，潮沟 TC4 与监测点 S11 的间距和潮沟 TC3 与监测点 S1 的间距大致相同，两个监测点与地表水之间有相似的水力联系，所以潮汐的周期性压力波动传播到监测点 S1 和 S11 的距离相同，由此带来相近的滞后时间。监测井 S6-3 和 S9-21 的实测和模拟孔隙水压力略有差异［图 4.8（b）和（c）］，实测孔隙压力对潮汐信号响应是瞬时的，而模拟孔隙水压力则滞后约 1 h。这可能与小规模的垂向潮汐通道有关，这些通道没有被纳入模型物理结构，导致模拟结果并未捕捉到该现象。

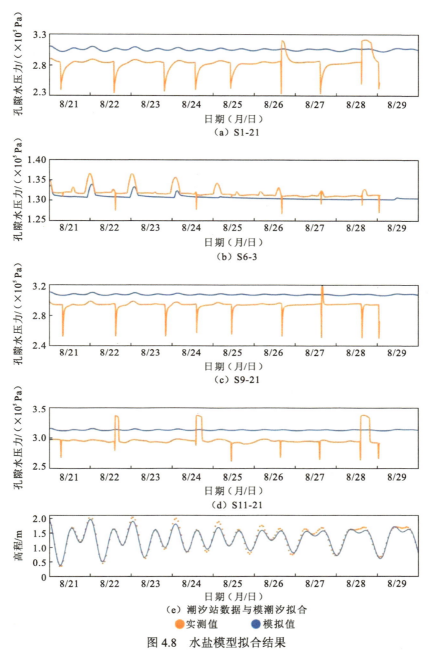

（a）S1-21

（b）S6-3

（c）S9-21

（d）S11-21

（e）潮汐站数据与模潮汐拟合

● 实测值 ● 模拟值

图 4.8 水盐模型拟合结果

（a）～（d）为不同监测深度下实测和模拟的孔隙水压力拟合结果（实测孔隙水压力突变由抽水扰动导致）；

（e）为监测期间潮汐站数据（橙色点）与模潮汐（蓝色实线）拟合

4.2.2 地下水排泄特征

基准模型在盐度和孔隙水压力的时空动态与实测结果吻合较好，可以用来量化监测剖面地下水排泄特征（图 4.9），计算结果表明在相邻两次大潮（新月-满月周期）间的红树林潮间带的单位岸线长度平均净流出量（m²/d）为 0.40 m²/d。与小潮（0.35 m²/d 和 0.28 m²/d）相比，大潮时的净流出量和净流入量较高（0.48 m²/d 和 0.47 m²/d），原因是大潮时潮位较低，陆海间水力梯度较大。模型中新月-满月周期的平均净流出量约为 Xia 和 Li（2012）在东寨港另一处红树林监测剖面模拟研究计算获得的净流出量（3.94 m²/d）的 1/10。这种差异可能与两个监测剖面含水层结构有关，该研究中高渗透区仅在表层低渗透层以下 1.5 m，同时该研究推测高透水层在近海段底部出露，可以起到将水从内陆引向海湾的作用。而本研究中的高渗透砂层距红树林潮间带地表最近为 10 m，在近海一侧并未与海底接触，因此所有海底地下水均需要通过淤泥质粉土层排泄，总体排泄量较小。

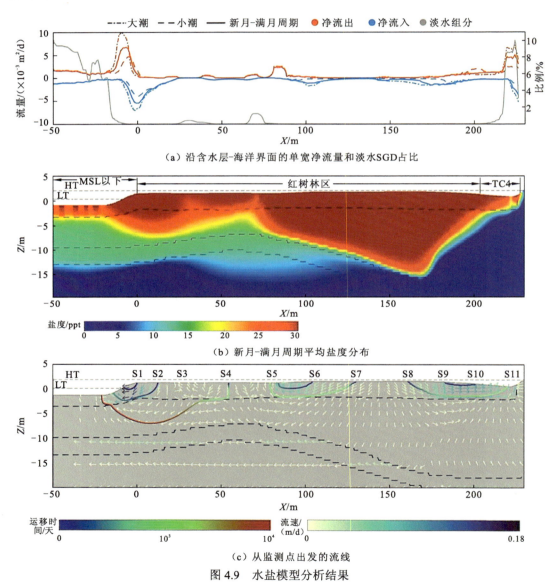

（a）沿含水层-海洋界面的单宽净流量和淡水SGD占比

（b）新月-满月周期平均盐度分布

（c）从监测点出发的流线

图 4.9　水盐模型分析结果

（a）中选择的大潮和小潮日期分别为 2020 年 8 月 26 日和 9 月 2 日，新月和满月日期分别为 2020 年 8 月 19 日和 9 月 2 日；（b）中 HT 和 LT 代表高潮线和低潮线；（c）中基于新月-满月周期平均流场计算得出，黑色虚线代表含水层界面由于大部分红树林生长在东寨港的平均海平面（MSL）以上，因此以 MSL 与地表的交点为界限，将海洋-含水层界面的排泄通量分为三部分：MSL 以下区域、红树林区域和 TC4 区域[图 4.9（b）]。在新月-满月周期的平均净流出量中，45%进入 MSL 以下区域，33%排入红树林区域，其余 22%排入至 TC4 区域。通过计算从红树林区进入潮沟的地下水排泄量，可以估算进入东寨港潮沟的地下水总排泄量。由于 MSL 以下区域是对潮沟 TC1 和 TC3 的简化，如将红树林湿地两侧的排泄量均视为潮沟的排泄量，则监测剖面东西两侧潮沟的平均净流出量为 0.14 m^2/d。基于潮沟的平均净流出量，结合东寨港红树林湿地的潮沟密度（0.002 m/m^2，由遥感影像估算）和面积（1 750 hm^2），可以计算出排入至东寨港红树林湿地潮沟的 SGD 为 $4.9×10^3$ m^3/d，而红树林湿地内部的地下水排泄量为 $1.2×10^4$ m^3/d，是排入潮沟的 2.5 倍。

将监测剖面上排入潮沟和红树林区的单位面积平均净流出量（m/d）与以往研究进行对比（表 4.3），本研究中净流出量处于较低水平。但在本研究中，整个海洋-含水层界面上的净流出/流入量存在显著的空间变化，地形变化越大净流出/流入量的空间变化越明显[图 4.9（a）]。例如，在 76 m<x<84 m，净流出量可达 $4×10^{-3}$ m/d，为剖面平均值的 6 倍，红树林区局部的峰值净流出量更接近表 4.3 中研究的平均排泄量（$3.9×10^{-3}$ m/d）。这些结果表明，在量化红树林的空间平均净流出量时，应考虑排泄区地形结构的高空间变异性。沿着更容易到达的红树林边缘进行点状测量估算的平均净流出量[例如 Wang 等（2022a）的研究]可能会存在数量级上的误差，但估算精度也应考虑现场实际地形、含水层结构等条件。

表 4.3　红树林和潮沟的净流出量与以往研究对比

研究区域	净流出量/（m/d）		方法	数据来源
	红树林区	潮沟区		
扬巴，澳大利亚	$1.3×10^{-2}$	$3.4×10^{-2}$	镭同位素	Wadnerkar 等（2021）
大亚湾，中国	$6.2×10^{-4}$～$1×10^{-3}$	$4×10^{-3}$～$5×10^{-3}$	达西公式法	Xiao 等（2018）
东寨港，中国	$6.7×10^{-4}$	$2.8×10^{-3}$	数值模型	本研究
漳江河口，中国	$3.6×10^{-3}$～$4.3×10^{-3}$	n.a.	达西公式法	Wang 等（2022a）
澳大利亚	$1.5×10^{-3}$～$3×10^{-1}$	n.a.	镭同位素	Tait 等（2017）
怀卡雷奥港，新西兰	0.2	n.a.	氡同位素	Santos 等（2014）
清澜港，中国	n.a.	1.65	氡同位素	Wu 等（2021）
茂名市，中国	n.a.	0.36	氡同位素	Chen 等（2018）
莫顿湾南部，澳大利亚	n.a.	$2.5×10^{-2}$	氡镭同位素	Gleeson 等（2013）

注：n.a.表示无可用数据；本研究中的数值是净流出量（m^2/d）除以红树林区或潮沟区的长度（m）所得

为了进一步研究地下咸淡水排泄模式，利用海洋-含水层界面各网格淡水组分占比计算监测剖面淡水排泄量。在新月-满月周期中，42%的淡水排入 MSL 以下区域，57%的淡水排入 TC4 区域，只有 1%的淡水排泄到红树林区域[图 4.9（a）]，因此红树林湿地内的排泄几乎完全是潮汐驱动的咸水循环。在排入红树林区的少量淡水中，大部分集中在 S3 和 S5 附近，位于咸水循环的边缘（图 4.9）。这些区域位于高渗透砂层（第三层）起伏处，淡水在此处沿向上和向海洋的轨迹到达地表[图 4.9（c）]。入渗至红树林区的海水有一半（51%）从红树林区排出，其余 49% 排入至潮沟中。从地下水流场分析结果可以看出，入渗至红树林区的海水在红树林根部区域停留时间相对较短（1 000 天），一旦进入第二层粉质黏土层后地下水循环时间高达 10 000 天。渗入红树林区的海水中，90% 在第一层与地下水混合后排出地表，剩余 10% 流进第二层粉质黏土层，这也表明从红树林湿地潮间带流入的含盐地下水仅流经浅层含水层，停留时间相对较短。

4.2.3　红树林湿地含水层 USP 的控制因素

81 个案例模型运行结果如图 4.10 所示，所有模拟结果均达到准稳态，即模型内盐分变化小于 10 mol/a。虽然部分模型中盐分仍然存在继续进入第四层的趋势，但受到海洋一侧深部低流速流场的影响，盐分增加十分缓慢。当粉质黏土层（第二层）的渗透系数非均质性降低至 1 时（即 $k_H = k_V$），盐分会充满整个潮间带含水层，含水层中将不会存在 USP。对于没有 USP 的模型，楔形咸淡水界面形态与以往海水入侵研究结果相似，即随着内陆水头（H）和潮汐振幅倍率（A）的增大，陆地-海洋方向的水力梯度也在增大，咸淡水界面更靠近海洋一侧；而对于存在 USP 的模型，随着内陆水头（H）和潮汐振幅倍率（A）增大，咸淡水界面深度降低。当垂向渗透系数小于水平渗透系数时，水平地形模型中盐分主要集中在第一层中，只在靠近海洋方向进入至深部含水层。对比原始结构模型和水平高渗透地层模型，高渗透地层的空间展布形态在一定程度上控制了 USP 咸

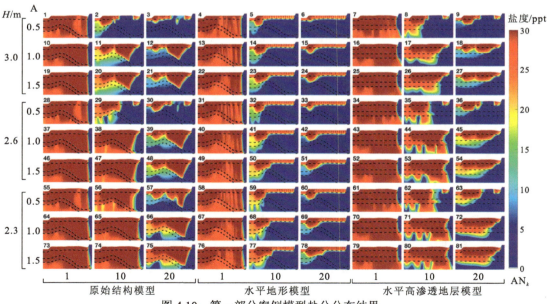

图 4.10　第一部分案例模型盐分分布结果

其中 39 号模型为基准模型；H、A 和 AN_k 分别代表内陆水头、潮汐振幅倍率及渗透系数非均质性

淡水界面的分布。值得注意的是 57 号案例模型，其他 50%潮汐振幅模型中都存在中部盐分缺失的现象，只有该模型中部依然存在盐分的入渗，这也是由高渗透地层空间展布形态对不同层位间水力联系的影响存在差异导致的。

不同案例模型含水层-海洋界面上净流量对比如图 4.11 所示，结果表明水平地形模型中的净流入量和净流出量最低。随着陆地-海洋方向的水力梯度增大，含水层-海洋边界上的净流量会增大，其中内陆水头（H）造成净流出量增大[图 4.11（b）]，潮汐振幅倍率（A）增大则导致净流入量增大[图 4.11（c）]。对于原始结构模型，无 USP 的案例模型净流出量相对较大；而对于水平地形模型和水平高渗透地层模型，无 USP 的案例模型则表现为净流出量和净流入量均较高，这是因为垂向渗透系数较大，地下水的排泄速度相对更快。

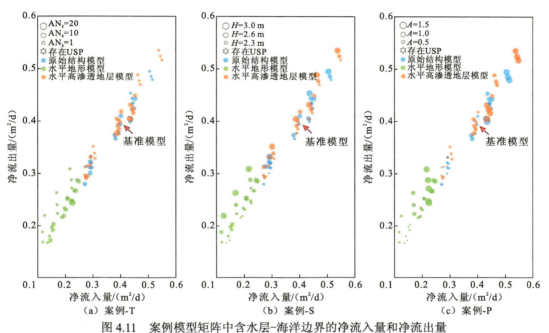

图 4.11　案例模型矩阵中含水层-海洋边界的净流入量和净流出量

4.3　红树林湿地地下水排泄的影响因素

4.3.1　潮间带地形

与基准模型相比，案例-T1 和案例-T2 中含水层盐分明显减少（图 4.12）。在均匀坡度（案例-T1）的情况下，盐分只迁移至距地表 5 m 深度。水平潮间地形（案例-T2）模拟结果与之类似，区别在于在靠近海洋一侧从岸边的斜坡延伸到内陆 50 m 存在半圆形咸水循环区。图 4.12（c）中的流场分析结果表明，$X=50$ m 处的内陆盐水范围被一个向上流动的新鲜地下水区包围，由于高渗透地层的起伏，淡水从高渗透层流出。以往研究探讨了具有均匀坡度的多个地形剖面对均质沙滩含水层中盐分流动和运输的影响（Evans et al.，2020；Greskowiak，2014），这些研究表明地形对地下盐度分布有控制作用。本研究证明了红树林地形对地下水流动和咸淡水交互同样重要，同时模拟结果还捕捉到地形和含水层结构的综合影响。在均匀坡度和水平地形模型案例中，由于没有局部地形起伏，驱动循环咸水流动的水力梯度较弱，所以向下循环的咸水无法渗透到第二层的低渗透性介质中[图4.12（b）和（c）]。

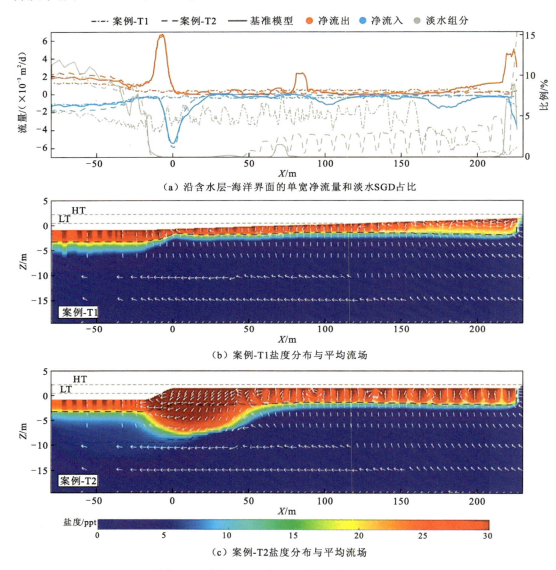

（a）沿含水层-海洋界面的单宽净流量和淡水SGD占比

（b）案例-T1盐度分布与平均流场

（c）案例-T2盐度分布与平均流场

图 4.12　案例-T1 和案例-T2 模型模拟结果分析

（b）和（c）中的黑色虚线为含水层界线，所有结果均为新月-满月周期的平均值

具有均匀坡度（案例-T1）和水平地形（案例-T2）的模型第一层中，上部 3 m 和上部 5 m 盐度都呈"手指状"分布趋势。淡水在指状盐度间向上流动，使两个地形剖面上都呈现淡水 SGD 比例波动的模式[图 4.12（a）]。尽管盐指间的淡水排泄在空间上存在差异，但两个案例模型中都没有局部地形起伏，因此地下水总排泄量在空间上比基础模型更均匀[图 4.12（a）]。研究表明沉积速率的空间异质性会导致整个红树林湿地的地形

起伏，在红树林植被密度较高的地区沉积速率较高（Krauss et al.，2017；McIvor et al.，2013）。结合基准模型和案例-T2之间地下水排泄模式差异，可以推测出密集红树林分布可以增大地形起伏并导致局部水力梯度增高，促使盐分迁移至更深的含水层中。

4.3.2 高渗透砂层

当高渗透砂层（第三层）被淤泥质黏土层所取代（案例-S1）时，向海洋排泄淡水的通道消失。模型底部的流速较慢，盐分在深部含水层中会缓慢向内陆方向迁移，因此在模拟结束时，模型总体盐分仍有缓慢增加的趋势（图4.5）。

当高渗透砂层简化为水平延伸时（案例-T2），受地形起伏影响，$X=70\,\mathrm{m}$附近仍有淡水排向地表的趋势，从地下淡水组分比例也可以发现，$X=70\,\mathrm{m}$附近地下水的盐度略低于海水[图4.13（a）]。与基础模型相比，案例-S2中第三层缺乏由砂层起伏引起流速增加的垂向分量，因此咸淡水界面更接近砂层，从导致更多盐分进入至砂层。虽然案例模型和基础模型在盐度分布上有很大差异，但在$X>-10\,\mathrm{m}$的区域，三个模型在海洋-含水层界面的地下水排泄特征基本相同，仅在潮沟处淡水组分的比例存在差异。在$X<-10\,\mathrm{m}$的区域，案例-T2与基准模型的排泄通量变化一致，表明淤泥质粉土层的咸水循环在空间上较为独立。Evans等（2020）在大尺度模拟研究中也发现，由于盐沼和内陆架地区存在低渗透介质（$1\times10^{-16}\,\mathrm{m}^2$），盐沼和深层含水层之间不存在水力联系。尽管本研究中淤泥质黏土层的渗透率相对该研究较高，但其仍明显降低了两者的水力联系。具有高渗透性的砂层也决定了咸水-淡水界面的深度和形态，并影响潮沟处的地下水排泄。

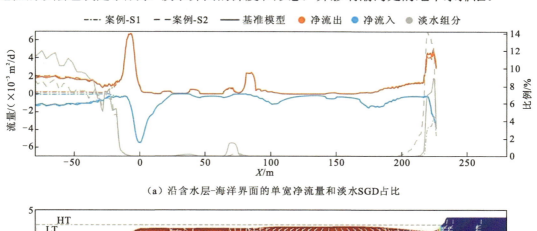

（a）沿含水层-海洋界面的单宽净流量和淡水SGD占比

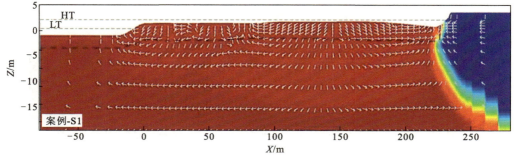

（b）案例-S1盐度分布与平均流场

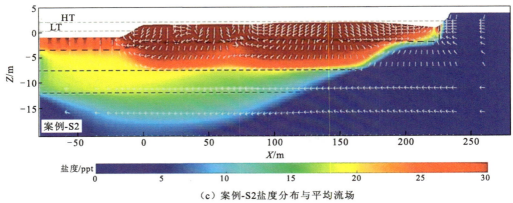

（c）案例-S2盐度分布与平均流场

图4.13　案例-S1和案例-S2模型模拟结果分析

（b）和（c）中的黑色虚线为含水层界线，所有结果均为新月-满月周期的平均值

4.3.3　渗透系数各向异性

案例模型结果表明红树林湿地含水层盐度分布不受第一层的 AN_k 的影响，但地下水排泄模式与基础模型相比仍表现出显著差异。当不考虑底栖洞穴导致的垂向渗透率变化时，对应第一层含水层 AN_k 从 1 增加至 10（案例-P1），海洋方向第一层盐度总体略有下降，其他区域的变化可忽略不计［图 4.14（b）］。然而由于第一层的垂向渗透率较低，地下水排泄受到限制，总排泄量仅为 0.054 m^2/d，相比基准模型减少了40%［图4.14（a）］。若将减少的部分视为通过底栖生物洞穴的排泄量，与其他学者在澳大利亚昆士兰红树林中利用同位素测量方法估计的 10%～40% 范围一致（Stieglitz，2005）。

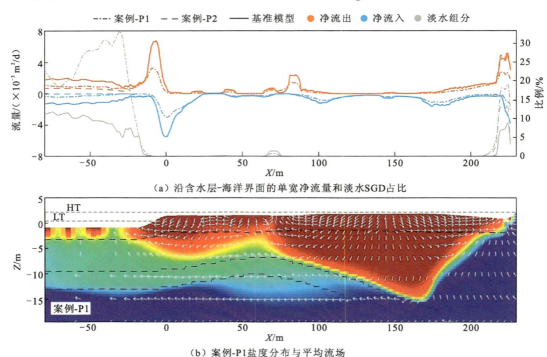

（a）沿含水层-海洋界面的单宽净流量和淡水SGD占比

（b）案例-P1盐度分布与平均流场

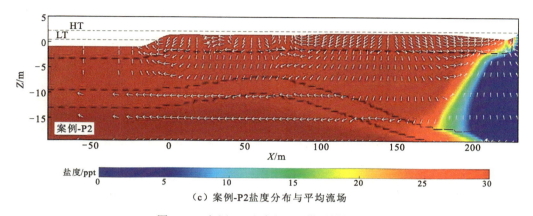

（c）案例-P2盐度分布与平均流场

图 4.14　案例-P1 和案例-P2 模型模拟结果分析

（b）和（c）中的黑色虚线为含水层界线，所有结果均为新月-满月周期的平均值

在案例-P2 中，第二层的 AN_k 从 0.05 增大至 0.1，以反映更典型的各向异性条件（即忽略 1605 年地震对含水层结构的影响），地下水盐度和排泄模式都大大偏离了基准模型 [图 4.14（a）和（c）]。由于第二层的垂向渗透率增大，更多盐分进入高渗透砂层，阻止了淡水向海洋方向的排泄，消除了高渗透层的水力屏障作用，使盐分迁移至含水层底部。除红树林内陆地区以下的淡水区（$X>175$ m）之外，咸水几乎占据了整个红树林湿地含水层。所有淡水都在 $X=220$ m 处的高潮线附近排出 [图 4.14（a）]。尽管盐度分布有很大差异，但整个红树林潮间带的总流入量和流出量分布与基准模型几乎相同，图 4.14（a）中重叠的部分是两个案例模型中浅层盐水循环的排泄结果。如前所述，基准模型中红树林区大部分排泄是盐水，而案例-P2 中大部分盐水循环也局限于第一层，因此地下水排泄空间部分相似，案例-P2 中地下水总排泄量与基准模型大致相同（为基准模型的 94%）。这些结果表明，基于本研究的模型设置，即使是非均质性的微小变化也会对地下盐度分布和淡水排泄模式产生强烈影响，但可能不会成为红树林地下水总排泄量的主要控制因素。

4.4　地下水排泄对红树林生长发育的指示

基于本章研究结果获得的红树林湿地含水层盐度分布和地下水排泄模式，可用于深入了解红树林对风暴潮、台风等自然灾害的响应。遥感影像显示，2014 年台风"威马逊"过后，监测点 S3 和 S5 附近的红树植被生长状况逐渐恶化（图 4.15）。Kodikara 等（2017）研究发现 *Rhizophora stylosa* 在苗期的最佳生长盐度为 5 ppt，高盐度会抑制幼苗的根系生长。因此，受到破坏的红树林在 8 年内未出现恢复的迹象。此外，水盐运移模型中地下水排泄区与红树林受损范围一致，而红树林湿地内的地下水排泄可以作为重金属的来源（Li et al.，2022），会对红树林的生长发育产生负面影响（Yan et al.，2017；Sandilyan and Kathiresan，2014）。因此，污染物在红树林根区的积累可能导致红树植被前期健康状况不佳，从而容易受到台风的破坏。因此，应注重红树林湿地前期生态保护，以应对极端气候事件对红树林生态的强烈扰动和破坏。

（a）2014年2月20日　　　　　　　　　　　　（b）2017年2月27日

（c）2019年10月9日　　　　　　　　　　　　（d）2021年10月13日

图 4.15　台风"威马逊"过后约 7.5 年的时间里研究地点红树林的遥感影像

4.5　本 章 小 结

　　本章通过建立与实际等效的变密度变饱和水盐运移模型，识别了东寨港红树林湿地监测剖面的海水-地下水混合过程，量化了咸淡水的排泄通量，定量分析了不同因素对红树林湿地地下水排泄过程的影响，研究结果如下。

　　水盐运移模型结果证明红树林湿地含水层孔隙水压力响应潮汐波动，盐度分布没有明显的周期变化。在红树林地区低平缓坡的影响下，盐分更容易在渗透率较高的地表含水层中积累；但在坡度明显波动的地方，由于局部地下水水力梯度增加，盐分可能进入渗透率较小的含水层。

　　海洋一侧的地下水总排泄量比例最高（45%），其次是红树林区（33%）和靠近内陆的潮沟（22%）。只有 1% 的地下淡水排入红树林湿地内部，表明排入红树林湿地内几乎都是潮汐驱动的咸水循环。此外 90% 进入红树林湿地的咸水在浅层红树林植物根系范围内循环，只有 10% 进入较深的含水层中。基于潮沟的平均净流出量，结合东寨港红树林湿地面积和潮沟密度，估算东寨港红树林湿地内部的地下水排泄量为 1.2×10^4 m³/d，是周边潮沟排泄量的 2.5 倍，通过底栖生物洞穴的地下水排泄量为总排泄量的 40%。

　　在红树林湿地低渗透介质（粉质黏土）的影响下，红树林植物根系范围内咸水循环在空间上是独立的，其排泄特征主要受潮汐、地形和地表含水层异质性控制。深部高渗透砂层分布和低渗透含水层渗透性在一定范围内不影响红树林植物根系范围内的地下水排泄，而主要影响深部盐度分布和地下淡水的排泄。当粉质黏土层的垂向非均质性较小时，高渗透砂层作为盐分向深部迁移的水力屏障决定了盐水-淡水界面的深度；而当垂向非均质性较大时，红树林湿地可能不会存在上部盐水羽。

▶第5章
咸淡水交互过程中溶解性有机质的迁移转化

沉积物–上覆水界面是红树林湿地生物地球化学过程变化的重要场所，且溶解性有机质（DOM）的选择性吸附和絮凝将增加红树林湿地的碳汇。在微生物参与的氧化还原敏感性矿物还原性溶解作用下，沉积物孔隙水储存的 DOM 水平通常高于上覆地表水。此外，在潮汐波动下，地表水–地下水相互作用驱动着 DOM 在沉积物–上覆水界面迁移转化，进一步调控生源要素的循环过程，影响红树林湿地生态系统的健康（Chen and Hur，2015）。地表水–地下水相互作用在红树林湿地生态系统的物质运输和营养循环中发挥着重要作用（Xiao et al.，2022）。当空间尺度<1 m 且时间尺度短于数天时，孔隙水的流动通常被称为孔隙水交换（pore water exchange，PEX）（Taniguchi et al.，2019）。然而，当空间尺度≥1 m 时，该过程被称为海底地下水排泄（SGD）（李海龙和王雪静，2015；Moore，2010）。PEX 和 SGD 均能将有机质和生源要素从河流–红树林区输送到近海水域，通常会提高初级生产力，有时甚至会引发有害的藻类繁殖和富营养化现象（Santos et al.，2021；李海龙等，2011），从而严重威胁红树林湿地的生态平衡。

环境条件和 DOM 本身的化学性质会影响红树林湿地 DOM 的迁移和转化途径。例如，芳香族化合物生物活性较差，容易发生光降解或絮凝，DOM 的光化学转化可能会引起不饱和脂肪族化合物的富集。相比之下，脂类化合物中的糖类和肽类生物可利用性较高，但具有抗光性。河流中的 DOM 由于絮凝作用而被优先从水体中去除（Asmala et al.，2014），其含量受河口内水体混合比例的调节，而沉积物孔隙水 DOM 的性质主要受微生物降解的影响。在滨海红树林湿地，水动力条件差异和浮游植物沉积共同产生了从河流到近海地区明显的沉积物成分梯度变化（Seidel et al.，2014）。沉积物类型与地表水理化性质相结合，可以调控地下水 DOM 的归趋，影响地下水 DOM 组成和反应性的空间变化。

以往研究大多关注地表水 DOM 的微生物降解和陆源输入作用（Zhou et al.，2022；Derrien et al.，2019；Schmidt et al.，2011），鲜有研究将上覆地表水 DOM 与沉积物孔隙水 DOM 分子组成相关联，忽略了地表水–地下水相互作用，限制了对红树林湿地 DOM 在沉积物孔隙水和上覆地表水之间迁移转化途径的认识，无法全面厘清地下水排泄驱动的生源要素循环过程。因此，本章拟通过傅里叶变换离子回旋共振质谱法（Fourier transform ion cyclotron resonance mass spectrometry，FT-ICR MS）和液相色谱–有机碳检测（liquid chromatography-organic carbon detection，LC-OCD）技术从微观尺度识别 DOM 分子组成特征，旨在全面了解红树林湿地咸淡水交互过程中 DOM 的迁移转化规律，为红树林生态保护与修复提供科学支撑。

5.1 地表水与地下水溶解性有机质空间分布特征

5.1.1 上覆地表水 DOM 沿盐度梯度分子组成特征

红树林湿地盐度沿上游（盐度为 4.11 psu）至下游（盐度为 31.60 psu）逐渐增加，且盐度的梯度变化显示了东寨港地下淡水在深部的混合比例向海洋方向呈减少趋势。同时也观察到地表径流来源的营养物质浓度呈下降趋势[河流和红树林区总溶解性氮（total dissolved nitrogen，TDN）、Mn 浓度平均值为分别为 1.19 mg/L、0.17 mg/L，东寨港港湾区平均值分别为 0.58 mg/L、0.02 mg/L]，这符合海水-地下水水体混合比例的空间变化格局。

盐度和溶解性有机质（DOM）参数之间的相关性显示了淡水输入对 DOM 组成的影响，DOM 参数变化和保守曲线之间的差异显示了红树林湿地上覆水 DOM 的混合行为（图 5.1）。河流-红树林区 DOC 浓度均高于保守混合的预期值，表明存在红树林来源的有机质输入。尽管 δ^{13}C-DOC、δ^{13}C-DIC（DIC 为溶解无机碳，dissolved inorganic carbon）与盐度有明显的相关性（$r=-0.67$，$p<0.05$；$r=0.86$，$p<0.05$），但偏离了保守的混合曲线，特别是在近海港湾区，指示了上覆水 DOM 的非保守添加。有机质参数 a_{254}、腐殖化指数（humification index，HIX）值，腐殖质、疏水性有机质、改进芳香度指数（modified aromaticity index，AI_{mod}）、有机质（CHO）、含硫有机质（CHOS）、芳香族化合物、多酚类化合物及富羧基脂环分子（carboxylic-rich alicyclic molecules，CRAM）丰度等指标均呈现河流-红树林淡水端元高于港湾海洋端元的总体特征。上述参数不仅与盐度呈负相关，而且数值也基本高于保守的混合曲线，尤其在河流-红树林区更为明显。相反，与盐度呈正相关的有机质参数[生物指数（biological index，BIX）、腐殖质降解产物、低分子量中性物质、含氮有机质（CHON）、含磷有机质（CHOP）、脂类化合物和饱和化合物]偏离值基本低于保守的混合曲线。此外，一些有机质参数[荧光指数（fluorescence index，FI）、生物大分子丰度、腐殖质中碳氮比、碳名义氧化态（nominal oxidation state of carbon，NOSC）]与盐度没有明显的相关性，数值也偏离了保守的混合曲线。在红树林湿地上覆地表水中，含硫有机质相对丰度较为分散，而含氮有机质和含磷有机质均低于保守混合的预期值，表明沿"河流-红树林湿地-海洋"连续体存在有机质逐步去除降解的过程。

5.1.2 沉积物孔隙水 DOM 分子组成特征

红树林湿地沉积环境显示出空间区域性差异。河流-红树林区中有机碳和细粒沉积物含量（TOC：2.29%±1.97%，黏土：21.34%±3.19%，粉砂：47.45%±21.33%，图 5.2）显著高于东寨港港湾区（TOC：0.31%±0.19%，黏土：13.29%±6.89%，粉砂：37.18%±31.36%），表明颗粒有机质在红树林湿地泥质区域有效沉积。此外，与沉积物组成相关的碳氮比值（C/N）和 δ^{13}C 组成分别沿"河流-红树林湿地-海洋"连续体呈减少和增加的趋势，说明陆源有机质的丰度沿海洋方向减少，而与海洋生产力相关的有机质在近海地区沉积。

沉积物孔隙水有机质的光谱参数和分子组成特征沿红树林湿地上游至下游呈现复杂的变化趋势（图 5.2）。代表芳香度和腐殖化指数的 a_{254}、AI_{mod} 和 HIX 值在河流-红树

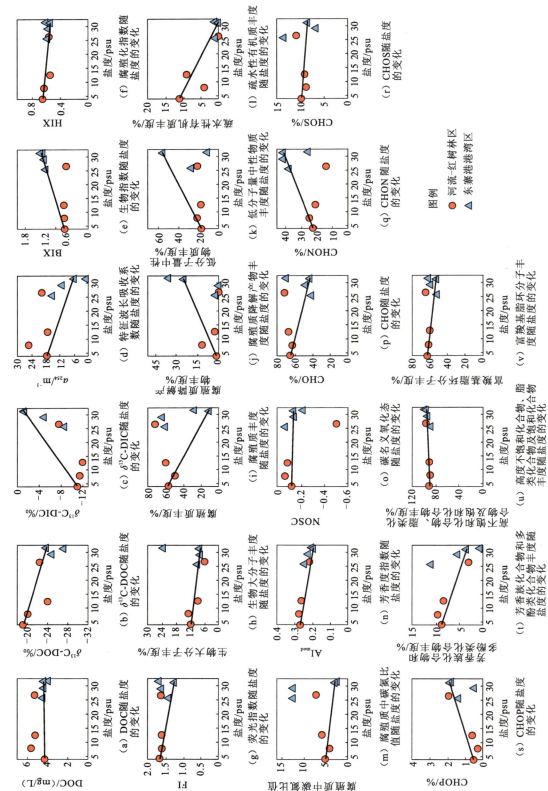

图 5.1　保守混合曲线（黑线）和红树林湿地上覆地表水的有机质参数、光谱参数及分子组成随盐度的变化

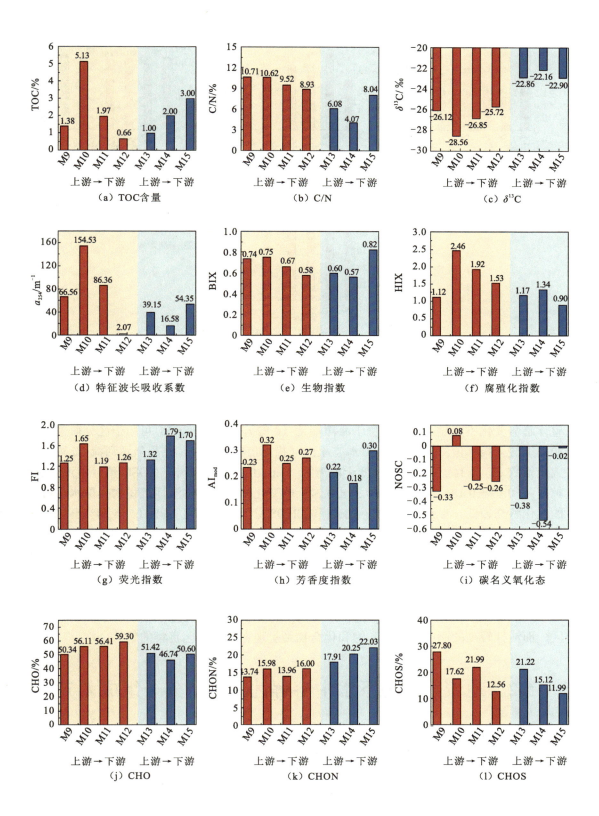

（a）TOC含量　　　　　（b）C/N　　　　　（c）$\delta^{13}C$

（d）特征波长吸收系数　　　（e）生物指数　　　（f）腐殖化指数

（g）荧光指数　　　（h）芳香度指数　　　（i）碳名义氧化态

（j）CHO　　　　　（k）CHON　　　　　（l）CHOS

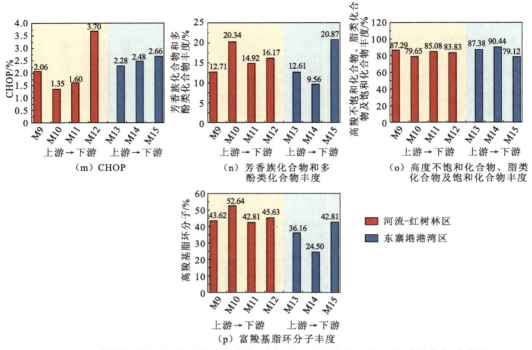

图 5.2 红树林湿地沉积物孔隙水中有机质含量、光谱参数及分子组成的空间分布图

林区 [a_{254}: (77.38±62.77) m^{-1}, AI$_{mod}$: 0.27±0.04, HIX: 1.76±0.57] 显著高于港湾区 [a_{254}: (36.69±19.00) m^{-1}, AI$_{mod}$: 0.23±0.06, HIX: 1.13±0.22]。代表新鲜度的生物指数 BIX 整体趋势变化不明显，最高值位于海洋端元（0.82）。荧光指数 FI 可用于区分微生物来源富里酸（指标值约为 1.8）和陆源富里酸（指标值约为 1.4），结果显示河流-红树林区荧光指数 FI（1.34±0.21）显著低于港湾区（1.61±0.25）。此外，NOSC 值（河流-红树林区：−0.19±0.18，港湾区：−0.31±0.27）的变化指示红树林湿地沉积物孔隙水有机质的氧化状态较低。河流-红树林区 CHO 和 CHOS 分子相对丰度（CHO：55.54%±3.75%，CHOS：19.99%±6.48%）略高于港湾区（CHO：49.59%±2.50%，CHOS：16.11%±4.70%），然而 CHON（河流-红树林区：14.92%±1.24%，港湾区：20.08%±2.09%）和 CHOP（河流-红树林区：2.18%±1.0.6%，港湾区：2.47%±0.19%）分子呈现相反的变化趋势。同时，红树林湿地上游的芳香物质 [包括多氯代芳香化合物（polychlorinated aromatic compounds，PCAs）和多酚类化合物（polyphenols，Polyp）] 和富羧基脂环分子丰度明显高于下游地区，而活性较高的脂类化合物和饱和化合物则呈现在下游地区富集的趋势。

5.2 地表水与地下水中溶解性有机质分子组成差异

5.2.1 有机质元素比值和分子质量

红树林湿地中的上覆地表水和沉积物孔隙水溶解性有机质固相萃取（solid phase extraction of dissolved organic matter，SPE-DOM）分子水平上有显著的差异。地表水和孔隙水分别确定了 11 547 个（河流-红树林区：8 013 个，港湾区：3 534 个）和 21 043 个（河流-红树林区：13 687 个，港湾区：7 356 个）独特的分子式，29 177 个共同分子式，它们的质量范围为 200～700 Da。此外，地表水独特分子的质荷比（m/z_{wa}：401.7）和 H/C 有机物元素比的加权中值（H/C_{wa}：1.29）明显低于孔隙水（m/z_{wa}：466.2，H/C_{wa}：1.47，图 5.3）。相反，地表水中 O/C（O/C_{wa}：0.52）、芳香度指数（AI_{wa}：0.20）、等效双键（DBE_{wa}：7.97）和碳名义氧化态（$NOSC_{wa}$：−0.12）加权中值明显高于孔隙水（O/C_{wa}：0.44，AI_{wa}：0.17，DBE_{wa}：7.17，$NOSC_{wa}$：−0.41）。这些变化表明，红树林湿地上覆地表水中的有机质比孔隙水中的有机质更具有芳香的特征、分子质量更大。

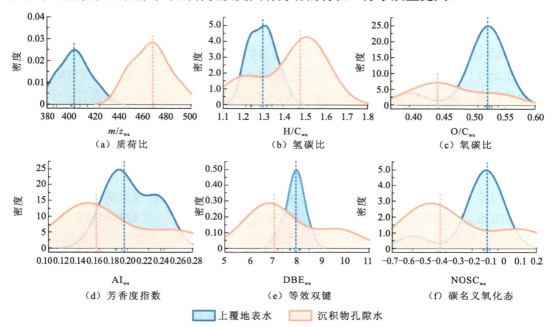

图 5.3　红树林湿地上覆地表水和沉积物孔隙水中独特有机质分子
质荷比、氢碳比、氧碳比、芳香度指数、等效双键和碳名义氧化态的密度曲线
虚线为样本的中位数

5.2.2　有机质分子式空间分布

沿河流-红树林湿地-海洋盐度梯度，地表水和孔隙水中有机质独特/共同分子如图 5.4 所示。地表水比孔隙水有更多独特的 CHO 和 CHON 分子式（地表水/孔隙水分子数量平均值为 CHO：609/364，CHON：477/368），而孔隙水中有更多的含硫和含磷有机质分子式（地表水/孔隙水分子数量平均值为 CHOS：215/1 022，CHOP：36/151）。二者也有相同之处，地表水和孔隙水河流-红树林区的独特 CHO、CHON、CHOS、CHOP 平均分子数量均显著高于东寨港港湾区。同时，二者也共享大量的分子式，以 CHO 和 CHON 为主，平均分子数量沿上游河流-红树林区（CHO：1 886，CHON：1 534，CHOS：623，CHOP：29）至下游港湾区（CHO：1 413，CHON：1 198，CHOS：275，CHOP：28）逐渐减少。

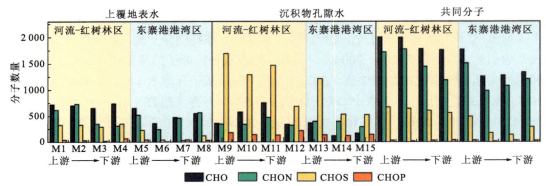

图 5.4　红树林湿地上覆地表水与沉积物孔隙水有机质独特分子数量及二者共同分子数量分布图

CHO 化合物含量较高，通常用于不同样品的成分比较。CHO 分子的 O/C 和 H/C 范围主要是 0.1~1.0 和 0.25~2.0，中心值分别为 0.5 和 1.3 左右。地表水 SPE-DOM 的独特分子占据了富氧（O/C>0.5）和缺氢（H/C<1.5）的大部分，而只在孔隙水中分配的分子占据了 O/C<0.5 的和跨度区域较大的 H/C（0.5~2.0）van Krevelen 图（简称 VK 图）部分（图 5.5）。

根据质量峰相对丰度计算，地表水和孔隙水中分别约有 11.78% 和 30.09% 的独特分子可以被分类为 CHOS，这些化合物的相对含量在红树林湿地随着盐度的增加而逐渐降低。此外，河流-红树林区 CHOS 分子的相对强度高于港湾区。先前研究表明，亚热带沿岸湿地中 CHOS 化合物的富集可能源于有机质的早期成岩硫化作用。红树林湿地富含硫酸盐，这也可能导致孔隙水中富集更多原生的含硫有机化合物。然而，上述因素不是地表水中含硫有机质富集的主要原因，CHOS 化合物的高丰度可能是上游人为输入废水的结果。无论是生活污水还是工业废水，废水中的溶解性有机含硫化合物含量都远高于天然水。含硫化合物含量向海洋深处逐渐减少，逐渐被含硫化合物较少的海洋有机质稀释，或被光照或异养微生物降解。地表水和孔隙水中 CHON 独特分子的相对丰度分别占 26.15% 和 14.74%，

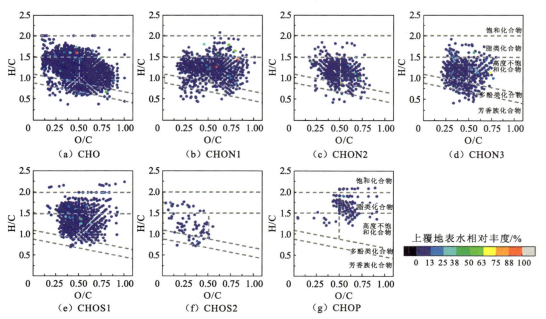

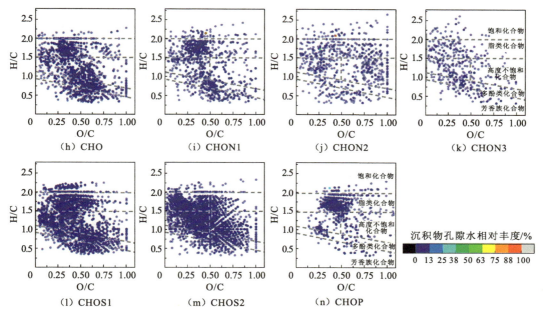

图 5.5　红树林湿地上覆地表水和沉积物孔隙水有机质独特分子分布的 VK 图

颜色表示 FT-ICR MS 信号的相对丰度；

（a）～（g）表示上覆地表水；（h）～（n）表示沉积物孔隙水；虚线划分的区域由上至下分别为饱和化合物、脂类化合物、高度不饱和化合物、多酚类化合物及芳香族化合物；高度不饱和化合物使用 O/C 阈值为 0.5 进一步划分为高度不饱和富氧化合物和高度不饱和贫氧化合物

一般含有 1～3 个氮原子，这些化合物的相对丰度随着氮原子数量的增加而减少。含氮有机质的独特分子相对含量和盐度之间没有发现明显的相关性，这可以解释为：①上游地区营养物质输入丰富，富营养化严重，有较高的自生来源；②在近海采样点，藻类和微生物生物量来源的有机质比例较高，例如对含氮有机质贡献较大的肽类降解产物。地表水和孔隙水中 CHOP 独特分子的相对丰度占比最低，分别为 2.51% 和 5.64%，且河流-红树林区丰度高于港湾区，可能是有机磷分子沿盐度梯度发生了光化学转化。

5.2.3　有机质化学结构分类特征

根据 FT-ICR MS 确定的分子式，进一步对有机质的化学结构组成进行分类（图 5.6）。结果表明，红树林湿地上覆地表水中高度不饱和化合物组种类最为丰富，占所有检测到的化合物的 60% 以上（按强度计算）；而芳香族化合物和饱和化合物组种类丰度贫乏，占所有检测到的化合物 1% 以下。与地表水的有机质相比，孔隙水的有机质中高度不饱和化合物丰度较低，而脂类化合物和饱和化合物的平均相对丰度明显更高。地表水中的富羧基脂环分子（CRAM，59.60%）相对丰度也高于孔隙水（41.17%）。脂类化合物，即低不饱和和无环结构的化合物，在东寨港港湾区的沉积物孔隙水中丰度最高，达到 36.04%；饱和化合物和芳香族化合物同样在港湾区孔隙水中丰度最高，达到 12.96% 和 7.16%；多酚类化合物在河流-红树林区孔隙水中丰度最高，达到 7.73%。

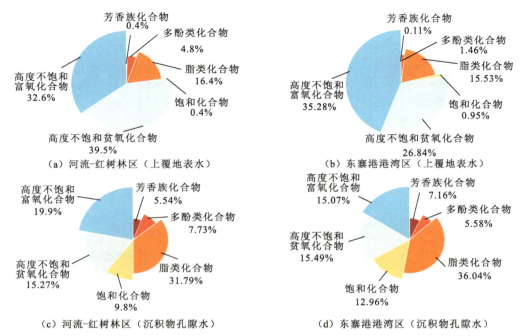

图 5.6　东寨港红树林湿地地表水与孔隙水中独特有机质组分平均相对丰度占比

　　红树林湿地地表水中的独特含氮有机质（CHON1、CHON2、CHON3）主要分布在高度不饱和化合物区域，而沉积物孔隙水中含氮有机质分布较为分散，CHON1 位于脂类化合物、多酚类化合物和芳香族化合物区域，CHON2 集中于脂类化合物和高度不饱和化合物区域，CHON3 集中于高度不饱和贫氧化合物、脂类化合物和多酚类化合物区域。地表水中的含硫有机质 CHOS1 以脂类化合物和高度不饱和化合物为主，CHOS2 仅有 77 个分子式，以高度不饱和贫氧化合物为主。孔隙水中 CHOS1 和 CHOS2 分子不仅分布在脂类化合物和高度不饱和化合物区域，也分布在多酚类化合物和芳香族化合物区域，但是 CHOS1 在高度不饱和贫氧化合物区域较为集中。含磷有机质 CHOP 在地表水和孔隙水中均以脂类化合物为主，前者主要分布于富氧区（O/C>0.5），后者在缺氧区（O/C<0.5）。

　　河流-红树林区地表水与孔隙水有机质独特分子组成沿河口上游至下游变化如图5.7所示。地表水中 CHON 分子集中于高度不饱和化合物区域，与 CRAM 分布趋势较为重合，且演丰西河流域 CHON 分子中高度不饱和富氧化合物明显减少。孔隙水中 CHON 分子在 VK 图中较为分散，基本各类化合物均有涉及。地表水 CHOS 分子在河流-红树林区的分布高度相似，均位于高度不饱和化合物和脂类化合物区域。孔隙水 CHOS 分子组分还包括多酚类化合物和芳香族化合物，少量含有饱和化合物。上游演州河流域脂类含硫有机质分子数量少于三江河和演丰东河流域，下游演丰西河流域的高度不饱和脂类含硫有机质分子显著减少。除了演州河流域含有部分高度不饱和贫氧 CHOP 分子，地表水和地下水中的 CHOP 分子基本均位于脂类化合物区域，且演丰西河流域 CHOP 分子最为丰富。

　　东寨港港湾区地表水与孔隙水有机质独特分子组成沿河口上游至下游变化如图 5.8 所示。与河流-红树林区样品分子分布规律一致，地表水 CHON 分子基本均位于高度不饱和化合物区域，地下水中 CHON 分子分布较为分散。港湾上游和下游的地表水 CHOS 分子较多，中游地区较少，均以高度不饱和化合物为主，上游地区还含有少量脂类 CHOS

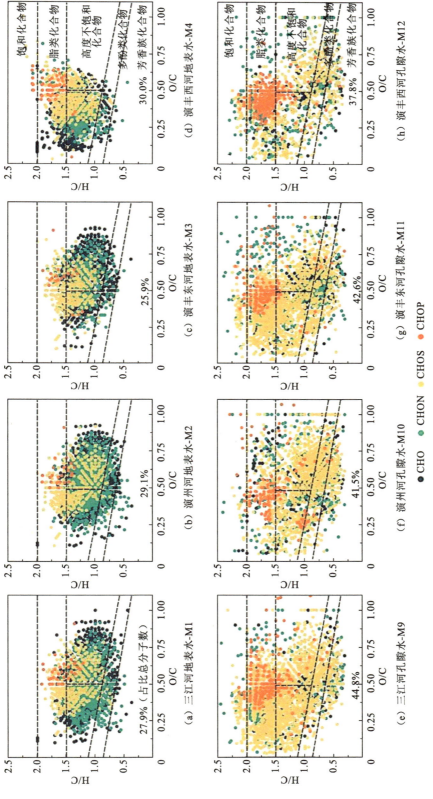

图 5.7　河流-红树林区地表水与孔隙水有机质独特分子组成沿河口上游至下游变化VK图

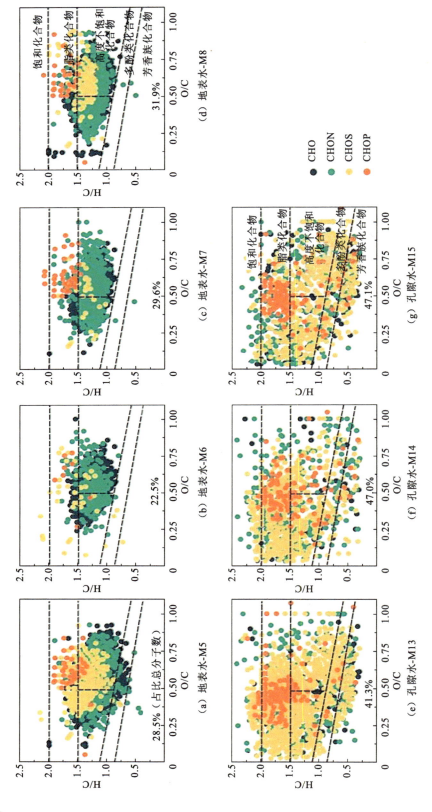

图 5.8 东寨港港湾区地表水与孔隙水有机质独特分子组成沿河口上游至下游变化VK图

分子。港湾区地下水中 CHOS 分子基本分布在整个 VK 图区域，上游地区五类化合物均含有，中游地区以脂类化合物最为集中，下游地区以高度不饱和、多酚类和芳香族化合物为主。港湾区 CHOP 分子的分布情况基本与河流-红树林区一致。

5.3 影响红树林湿地溶解性有机质分子组成的关键环境要素识别

5.3.1 上覆地表水和沉积物孔隙水有机质组成的主成分分析

为了研究影响上覆地表水和沉积物孔隙水有机质分子组成的主要因素与过程，将环境参数与有机质分子组成进行主成分分析和相关性分析（图 5.9）。在上覆地表水中，第一和第二主成分（PC1 和 PC2）分别解释了有机质组成的 43.59% 和 22.01% 的差异 [图 5.9（a）]，有机质组成呈现区域性差异，具体表现为河流-红树林区样品 PC1>0，东寨港港湾区样品 PC1<0，同时河流-红树林区的地表水样也被 PC1 和 PC2 分为两部分，一组 PC1>0 且 PC2>0（M1~M3），另一组 PC1<0 且 PC2<0（M4）。PC1 的载荷与腐殖质、疏水性有机质、含硫有机质和芳香族相关的参数（HIX、a_{254}、AI、DBE、HS、HOC、CHOS、PCAs 和 Polyp）呈现出明显正相关关系，而 PC2 与不同的 FT-ICR MS 参数（O/C、NOSC、m/z、DBE、CHON 和 HUCs-HO）均呈正相关。

此外，PC1 和 PC2 解释了沉积物孔隙水有机质组成的 77.90% 的差异 [PC1，57.91%，PC2，19.99%，图 5.9（b）]。两个地区的沉积物孔隙水样品在 PC1 和 PC2 轴上具有独特的有机质特征。河流-红树林区和东寨港港湾区被分配到 PC1 的两侧，具有不同的 PC1 和 PC2 值，与 C/N 和 $\delta^{13}C$ 显著相关。此外，河流-红树林区的沉积物孔隙水有机质信号由更高的芳香度化合物（a_{254}、AI、DBE、Polyp、CRAM、HUCs-HO）、NOSC、CHO 和 CHOS 识别，且富集生源要素（TOC、TN、TS、TP、Fe 和 Mn）。然而，位于 PC1 负半轴的港湾区样品与含氮有机质、活性有机质（ACs 和 SCs）、H/C 呈正相关。

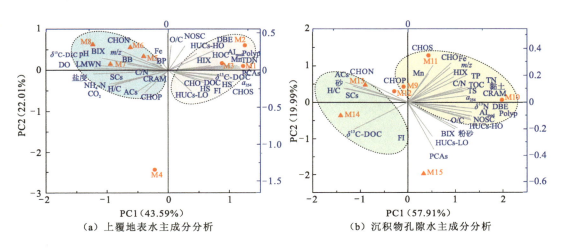

（a）上覆地表水主成分分析　　（b）沉积物孔隙水主成分分析

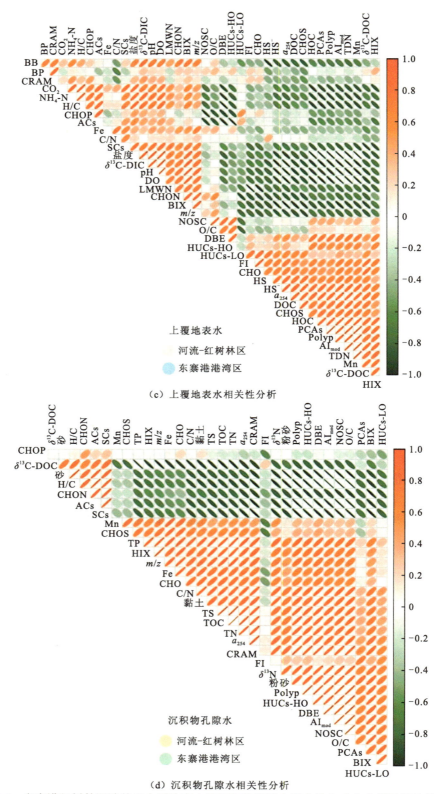

（c）上覆地表水相关性分析

（d）沉积物孔隙水相关性分析

图 5.9　东寨港红树林湿地基于上覆地表水和沉积物孔隙水样本的主成分分析及相关性分析

5.3.2　上覆地表水有机质的空间异质性特征

基于高分辨率的 FT-ICR MS 分析结果，有机质分子在研究区自然水体环境中呈现出随盐度梯度变化的异质性分布，且受到各种生物地球化学因素的影响，包括有机质的微生物降解和光矿化。红树林湿地有机质的空间特征反映在其分子多样性、迁移和转化上。在沿"河流-红树林湿地-海洋"连续体运移过程中，更多难降解有机质分子可以被保留和稀释。河流-红树林区具有低盐度、低溶解氧含量且陆源有机质输入丰富的特点，而东寨港港湾区具有高盐度、高溶解氧含量与海洋有机质输入丰富的特点[图 5.9（a）]。与港湾区有机质组成特征相比，河流-红树林区富含较多的疏水性芳香族和多酚类化合物（其特征是 AI_{mod} 值大于 0.5）；相反，港湾区与有机质生物指数（BIX）、低分子中性物质、脂类化合物和饱和化合物呈正相关。地表水有机质化合物的饱和度从河流-红树林区至港湾区有所增加[图 5.10（d）]，加权平均 H/C 值增高，加权平均 AI_{mod} 值降低），其原因在于海洋有机质富含脂肪族结构，而河流中的陆源芳香族化合物（如多酚）含量较高。在以淡水主导的河流-红树林等地区，芳香族有机质化合物的输入量很高（例如，PCAs 和 Polyp，图 5.1）。值得注意的是，这种高芳香度的有机质信号似乎没有被输送到沿海港湾区，这可以解释为在高盐度（>30 psu）的海洋区，芳香的陆源有机质与更多脂肪族的海洋有机质混合，导致港湾地区芳香族化合物被去除而产生更多脂肪族化合物。此外，河口地区水体浑浊度较低区域的光矿化和 Mn/Fe 固相絮凝期间与芳香族化合物的共沉淀过程也可能导致这种现象发生。

此外，在河流-红树林区地表水中也观察到了 CHOS 分子和硫化物（HS⁻）的富集，且呈正相关性（$r=0.67$，$p=0.07$），这对识别孔隙水交换驱动的含硫有机质输入具有指示意义。还原性硫化物的来源主要与潮汐驱动的含硫红树林沉积物的孔隙水交换和红树林螃蟹洞穴的潮汐冲刷有关（Sadat-Noori et al.，2017）。CHOS 分子通常出现在硫化物丰富的环境中，可能是硫化物与有机质发生非生物化学反应的结果。由于来自河流-红树林区的有机质化合物也与较高的溶解性 Mn 和 TDN 浓度有关（图 5.9），指示了该区域受到来自孔隙水中微生物降解的红树林来源有机质的强烈影响。与河流-红树林区相比，东寨港港湾区的有机质分子式特点是含氮和磷原子的有机质相对加权平均数较高，以及 H/C 值较高。除了河流与海洋的混合，含氮和磷杂原子有机质及脂肪族化合物的富集可以解释为来自浮游植物或微生物源的海洋有机质贡献，以及陆源有机质降解产物的输入等过程的共同作用的结果。

5.3.3　沉积物孔隙水有机质组成的影响因素

河流-红树林区的沉积物具有氧含量低、生源要素及黏土含量丰富的特点，孔隙水中以 CHO、CHOS、CRAM、多酚类化合物、芳香族化合物为主[图 5.9（b）]，且观察到明显的硫化氢气味，这表明沉积物中存在活跃的微生物介导的硫酸盐还原过程。红树林湿地表层沉积物具有较高的微生物活性。沉积物中的微生物对孔隙水有机质组分的调控作用受沉积物理化性质和氧化还原条件的影响。此外，河流-红树林区孔隙水有机质也

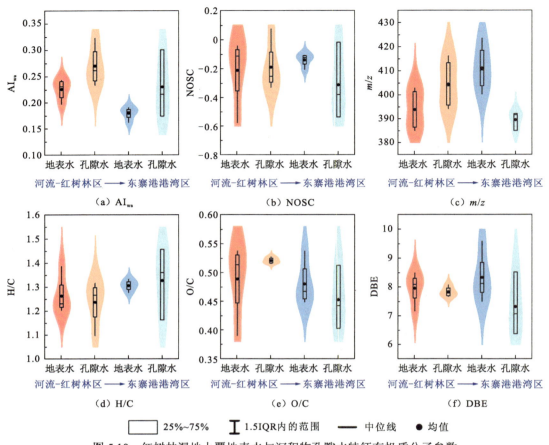

图 5.10　红树林湿地上覆地表水与沉积物孔隙水特征有机质分子参数
在河流-红树林区至东寨港港湾区的分布对比

IQR 为 interquartile range，四分位距

显示出较高的脂类化合物含量，尤其是在上游三江河、演州河和中游演丰东河流域有机
碳含量高的区域（图 5.2），指示了较高的微生物作用强度。虽然非芳香族化合物容易被
微生物降解，但沉积环境和微生物群落也决定了有机质的组成，因为有机质产生和转化
过程中涉及的反应不同。缺氧条件和高微生物活性可能是河流-红树林孔隙水中非芳香族
化合物保存的原因，这与之前在黑海的研究一致（Schmidt et al.，2017）。此外，碳名义
氧化态的降低（NOSC 平均值-0.27，图 5.10）和含硫有机质的富集表明河流-红树林区
沉积物中的有机质发生了厌氧硫酸盐还原作用（Hebting et al.，2006），且硫酸盐还原带
的有机质分解主要以氧化和硫化作用为主。

　　沉积物孔隙水有机质的光谱参数和分子组成在红树林湿地也存在区域性差异，这可
能归因于沉积物的地球化学特性。沉积物类型是控制微生物潜在降解的主要因素，也会
影响降解产物的组成。水动力强度降低和初级生产力供应下降导致陆源沉积物的相对含
量向海洋深处减少，其特点是沿"河流-红树林湿地-海洋"连续体 $\delta^{13}C$ 组成增加，C/N
值减少。在沉积物孔隙水中还观察到芳香族化合物（PCAs、Polyp、a_{254}）的相对丰度与
沉积物性质（C/N 和 $\delta^{13}C$）之间的显著正相关关系[图 5.9（d）]，证明了微生物对沉积

物孔隙水有机质的潜在贡献。此外，芳香族化合物和 HIX 的相对丰度向海洋深处减少，可能是经过降解的陆源有机质的相对贡献减少所致。陆源沉积物的生物地球化学过程会促进孔隙水中的腐殖质类成分富集。河流-红树林区作为关键的碳汇，储存了高含量的陆源有机质，这可以解释其中芳香族化合物的高丰度现象。陆源有机质含量对孔隙水有机质组成的调节作用也表现为沉积物有机碳含量（TOC%）与孔隙水的 a_{254} 之间的正相关关系（$r=0.77$，$p<0.05$）。

5.4 地表水-地下水相互作用下溶解性有机质的迁移转化过程

尽管红树林湿地上覆地表水和沉积物孔隙水中有机质受到多种因素的调节，并表现出区域性差异，但 FT-ICR MS 分析结果表现出的分子相似性和差异性特征印证了上覆地表水和沉积物孔隙水之间有机质动态生物地球化学过程。

首先，这两组水样之间的 FT-ICR MS 的差异显示了有机质在不同区域独特的转化机制。尽管地表水和沉积物孔隙水中的有机质成分具有空间区域差异，但在红树林湿地的整个剖面上，孔隙水中的低质量峰比地表水更丰富（图 5.11）。此外，沉积物孔隙水中的分子 O/C 值较低（平均值 0.46），这可能是由于富氧芳香族化合物经过光矿化后在水体中残留的有机质转化为低氧有机质。尽管地表水和孔隙水共享大量的分子类型，但具有短碳链和较少氧原子的分子在共同有机质中是稀缺的。对于孔隙水有机质，所有存在的分子都显示出与地表水和孔隙水之间的共同分子库不同的分子质量分布模式（图 5.12）。此外，上覆地表水中有机质在沉积物中的选择性埋藏也可以增加沉积物孔隙水有机质的分子质量。这些发现表明，红树林湿地的沉积物孔隙水中很少有地表水有机质的积累，孔隙水有机质中共同分子的相对丰度较低也支持了这一结论（图 5.4）。地表水样品中的芳香族化合物与盐度之间存在明显的负相关关系[图 5.10（c）]，这说明陆源有机质对河

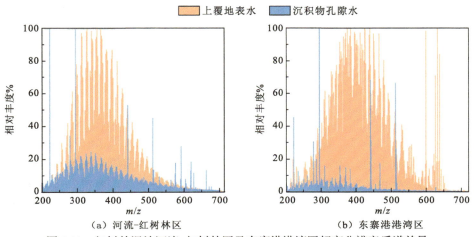

图 5.11 红树林湿地河流-红树林区及东寨港港湾区超高分辨率质谱差异

m/z 范围为 200~700

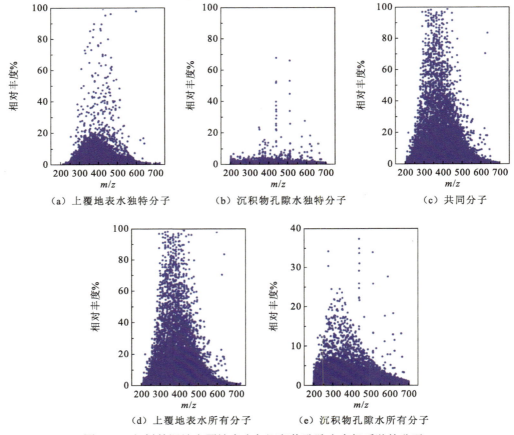

图 5.12　红树林湿地上覆地表水与沉积物孔隙水有机质独特分子、
二者共同分子及全部分子式的 m/z 分布图

流有机质具有主要贡献，其中一部分来源于侵蚀土壤的输入。河流沉积物的生物地球化学过程也是孔隙水有机质的重要来源，大量 200～300 Da 的化合物来源于沉积物中强烈的生物活性（Seidel et al.，2014）。因此，微生物参与下的有机质形态的反复转化可以解释红树林湿地中孔隙水有机质的低平均分子质量。

其次，红树林湿地孔隙水和地表水之间显著的 DOC 浓度梯度将成为推动有机质从孔隙水向地表水迁移的动力。尽管地表水中有较高比例（71.6%）的共同分子，支持表层沉积物与上覆水体之间的有机质交换，但仍有大量分子仅存在于沉积物孔隙水中，这引发了对这些孔隙水中独特分子归宿的讨论。与地表水有机质相比，孔隙水特有的一些分子具有较高的生物活性，包括高 H/C 值（H/C>1.5）和低 O/C 值（O/C<0.5）的脂类化合物和含有杂原子的分子，这可能会导致含 N、S 和 P 的富氧有机质快速地发生有氧生物降解。不同生物地球化学带的酶活性不同，有机质分解的主要机制也发生了变化，如：①富氧有机质的氧化生成在 SO_4^{2-} 耗尽时停止；②有机质通过伴随羧基和羟基损失的反应依次降解，可能伴随着环的打开，使转化的分子向低 O/C 和高 H/C 的方向转移，最终在红树林湿地孔隙水中产生较少的芳香族和更多的脂类化合物。在沼泽湿地（Tfaily et al.，2013）和海洋沉积物孔隙水有机质（Oni et al.，2015）中也观察到类似的分子组

成变化。这种变化归因于微生物对高度不饱和富氧化合物的优先降解。反映分子生物势能的平均碳名义氧化态可以作为估算复杂天然有机质能量潜力的指标，且不需要任何结构信息（LaRowe and van Cappellen，2011）。地表水中平均 NOSC（-0.17）显著高于孔隙水（-0.31），指示地表水有机质的氧化程度更高，同时地表水中高度不饱和富氧化合物丰度最高（33.93%）。在热力学角度从有机化合物中失去一个电子更有利于 NOSC 的增加，这意味着高度不饱和富氧化合物在能量上是有利于被氧化的，并可能成为对红树林湿地沉积物中的底栖异养微生物具有吸引力的有机质底物。因此，富氢缺氧的脂类化合物在孔隙水中的高丰度表明，微生物循环将有机质转化成具有越来越高 H/C 和含 N 或 S 的分子式，而不是保留原始陆源的脂类化合物或杂原子分子。然而，孔隙水有机质中还有一些独特分子被定性为贫氧芳香化合物（O/C<0.5，H/C<1.5），它们也具有相对较强的生物降解能力。光矿化过程是去除芳香族化合物的一种方式（He et al.，2020），但是红树林湿地中河流-红树林区的高浊度可以通过减弱地表水的紫外线照射强度来保护芳香族分子免受光化学降解（Ge et al.，2022）。

此外，在红树林湿地地表水有机质中观察到高丰度的 CRAM（61.04%），明显高于孔隙水（19.12%），这可能是因为氧化条件下有机质降解受热力学控制。在海洋中的产甲烷区域，如在氧浓度最小的区域或厌氧海洋沉积物中，可能存在类似于在深层地下水中观察到的低 O/C 和高 H/C 分子式，这是由于 DOM 降解的热力学限制。例如，当西地中海的海洋沉积物暴露在产甲烷条件下约 38 天时，低 O/C 和高 H/C 的分子式会增加（Gan et al.，2020）。因此，缓慢的呼吸速率驱动地下水中高 NOSC 分子式的优先生物降解和低 NOSC 的 DOM、高 H/C 微生物代谢产物及生物量的保留。相比之下，地表水有机质通常代表来自初级生产的新鲜有机质源与主要在氧化条件下生物降解和光降解产生的现存有机质的不断混合，这种混合控制有机质的平均组成，并导致更高 NOSC 和 CRAM 的总体累积。因此，红树林湿地 CRAM 的稳定性可能与暴露于光照辐照下或具有波动氧化还原条件的地表环境有关，而与黑暗和具有还原性的孔隙水环境无关。

地表水-地下水的相互作用还介导了含硫芳香族有机质从孔隙水到地表水中的流失，尤其是 CHOS2 分子。微生物硫酸盐还原产生的硫化物（HS⁻）被认为是缺氧沉积物中含硫分子的来源。前文已论述过孔隙水中高含量的 CHOS 分子来源于有机质的硫化作用，开始于成岩作用的早期阶段，即发生在沉积物-水界面多硫化物和二硫化物中碳碳双键和含氧官能团作用的过程。成岩作用产生的有机硫被认为是相当稳定的，即当 HS⁻浓度随着沉积物的进一步埋藏而降低时，所产生的含硫有机质会得到保存。热力学约束条件表明，硫酸盐还原的热力学极限发生在 NOSC=-0.3，硫酸盐微生物呼吸会选择性地氧化 NOSC 高于阈值的有机质，导致部分孔隙水 CHOS 分子在向地表迁移转化的过程中参与微生物介导的硫酸盐还原过程而流失。

红树林湿地沉积物孔隙水和上覆地表水中的有机质分子式高度分散，如图 5.13 中 VK 图所示。除根据化合物类别对分子进行聚类外，在数据中还观察到了明确的趋势线，这些趋势线代表了分子之间的同源性，趋势线上各点表示分子化学式（如 CH_2、COO、H_2、H_2O 等）的特征差异，并可以反映分子组之间的反应途径。孔隙水有机质部分聚集于氧化还原趋势线之上，说明脂类化合物及饱和化合物分子易发生有机质的氧化降解过程。地表水有机质大部分聚集于甲基化趋势线之下和氧化还原趋势线之上，指示了高度不饱和化合物的去甲基作用和氧化降解作用。

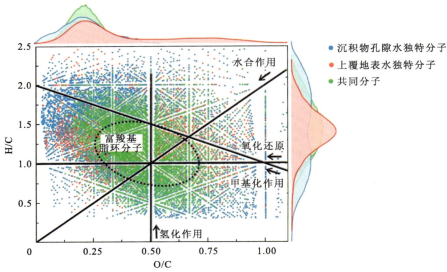

图 5.13　红树林湿地有机质分子式 VK 图及密度曲线图

VK 图显示沉积物孔隙水独特分子（蓝色）、上覆地表水独特分子（红色）及所有样品共同分子（绿色）；黑色实线表示氢化、甲基化（或烷基链延伸）、氧化还原和水合等化学反应中 H/C 和 O/C 的变化方向；密度曲线图经过面积归一化处理，并使用高斯核函数进行核密度估计；CRAM 的近似区域用黑色虚线表示，注意 CRAM 公式可能代表高度复杂的同分异构体混合物，由于 FT-ICR MS 不能区分异构体，所以不能确定这些单独的 CRAM 化学结构

在东寨港红树林湿地，由于各种复杂的生物地球化学过程及人类活动的干扰，DOM 和生源要素沿陆地-海洋盐度梯度输入、去除或转化（图 5.14）。在河流-红树林区，观察到较高的比紫外吸收（specific ultraviolet absorbance，SUVA）系数、a_{254} 和 HIX 值，以及较低的 S_R 和 BIX 值，这表明陆源/人类活动产生的腐殖质类 DOM 在该区域富集。此外，不断增加的水产养殖池塘和居住区可能逐渐导致生源要素和其他污染物被输送至红树林湿地，进一步导致富营养化和氧气消耗（Cawley et al.，2012）。缺氧的红树林孔隙水是地表水 TDN 的一个重要来源，如 NH_4^+ 和溶解性有机氮（dissolved organic nitrogen，DON）（Mori et al.，2019；Reading et al.，2017）。DOM 在氧气耗尽后可以在厌氧条件下被微生物降解，释放出大量的 NH_4^+，延缓红树林植物根系和幼苗的正常生长。总溶解性硅（total dissolved silicon，TDSi）主要是自然来源，如化学风化、红树林凋落物的溶解和土壤植物岩，在河流-红树林湿地-海洋连续体系环境中起着重要作用。TDN 和 TDSi 的浓度向海洋深处迅速下降，而总溶解性磷（total dissolved phosphorus，TDP）显示出相反的趋势，与非洲克罗斯河（Cross River）河口地区呈现的规律相同（Dan et al.，2019），指示了这些生源要素可能已经被红树林湿地内的生物地球化学过程改变。在红树林湿地上游，TDP 可以吸附在 Fe/Mn/Al 氢氧化物上，或与类似腐殖质的 DOM、碳酸盐和其他胶体组分结合，导致 TDP 浓度较低。

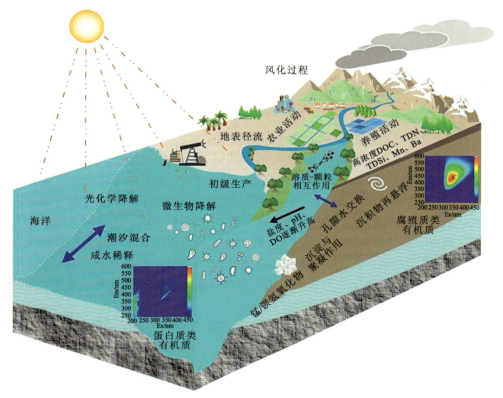

图 5.14　东寨港红树林湿地溶解性有机质迁移转化过程概念图

对于微量营养元素，除河流输入外，孔隙水交换和溶质-颗粒相互作用是溶解性 Mn 和 Ba 的关键来源（Mori et al.，2019；Holloway et al.，2016）。在富含有机质的环境中，腐殖质可以通过羧基和酚类官能团与 Mn 和 Ba 络合（Blazevic et al.，2016）。在本研究中，腐殖质类组分 C1 和 C2 与 Mn 和 Ba 显示出密切的关系，表明 DOM-Mn/Ba 耦合是红树林湿地中微量营养元素富集的潜在驱动力。然而，有机质-金属耦合过程增加了 Mn 和 Ba 的活动性和可利用性，这可能会对红树林植物根系的生长和呼吸过程造成影响。

在东寨港港湾区，DOM 的光谱参数显示 SUVA、a_{254} 和 HIX 的数值较低，而 S_R 和 BIX 的数值较高，表明色氨酸类 DOM 占主导地位，并且观察到低浓度的营养物质，这表明营养物质的富集在下游地区受到约束。红树林湿地系统内的物理混合、光化学降解、微生物呼吸和潮汐循环可以改变 DOM 和生源要素的特征。根据 TDN 和 TDSi 与盐度的线性关系，地表水中 TDN 和 TDSi 的去除主要归因于咸水稀释，而在其他地区 TDN 和 TDSi 的消耗可能归因于浮游生物的利用和微生物活动，例如大夸河（Great Kwa River）和卡拉巴尔河（Calabar River）河口（Dan et al.，2019）。

在河流-红树林区观察到高浓度溶解性 Mn 和 Ba 的输入，但大多数溶质在到达海洋端元之前就被去除。在较高的 pH 值（>8）和溶解氧含量的下游地区，Mn 可以快速氧化并形成 Mn 氢氧化物，进一步导致 Ba 的共沉淀（Sadat-Noori et al.，2017）。在离子强度变化的影响下，红树林湿地 Ba 循环主要由悬浮颗粒上的离子交换过程驱动，而 Ba 对 Mn 有很强的亲和力，可以形成 Mn/Ba 氢氧化物，有可能导致 Mn/Ba 吸附在悬浮颗粒或

DOM 上，进一步在溶质-颗粒界面循环引发沉淀、絮凝等过程，从而降低 Mn 和 Ba 的浓度。

5.5 本 章 小 结

本章通过溶解性有机质的 FT-ICR MS 和 LC-OCD 技术，从微观尺度揭示了东寨港红树林湿地上覆地表水和沉积物孔隙水的 DOM 组成及迁移转化途径，研究结果如下。

沿河流-红树林湿地-海洋连续体系盐度梯度，地表水和孔隙水 DOM 元素比值、分子式和化学结构类型均呈现高度的空间异质性特征。地表水 DOM 独特分子具有高芳香度、O/C、等效双键和碳名义氧化态的 CHO 和 CHON 分子式，而孔隙水 DOM 具有高 H/C 及低 O/C 的 CHOS 和 CHOP 分子式。红树林湿地上覆地表水中高度不饱和化合物是分子类型最丰富的组别，而芳香族化合物和饱和化合物分子类别贫乏。与地表水 DOM 相比，孔隙水 DOM 中高度不饱和化合物与富羧基脂环分子丰度较低，而其他组分丰度明显更高，尤其是脂类化合物和饱和化合物。

河流-红树林区地表水 DOM 富含较多的疏水性芳香族和多酚类化合物，而港湾区以低分子中性物质、脂类化合物和饱和化合物为主，且地表水 DOM 化合物的饱和度沿河流-红树林区至港湾区逐渐增加。芳香陆源 DOM 与更多脂类海洋 DOM 的混合稀释、光矿化和 Mn/Fe 固相絮凝期间与芳香族化合物的共沉淀过程均会导致港湾地区芳香族化合物被去除而产生更多脂类化合物。河流-红树林区孔隙水 DOM 以 CHO、CHOS、CRAM、多酚类化合物、芳香族化合物为主，而港湾区孔隙水 DOM 以 CHON、脂类化合物和饱和化合物为主。沉积物理化性质、氧化还原条件及强烈的微生物活动共同控制着红树林湿地孔隙水 DOM 的组成。

红树林湿地的沉积物孔隙水中很少有地表水 DOM 的积累，而地表水-地下水之间的浓度梯度推动 DOM 从孔隙水向地表水迁移转化。地表水-地下水的相互作用驱动了地表水中更高 NOSC、CRAM 的总体累积，却导致了含硫芳香族有机质（尤其是 CHOS2）的损失。与地表水 DOM 相比，孔隙水特有的高 H/C 值（H/C>1.5）和低 O/C 值（O/C<0.5）的脂类化合物和含有杂原子的分子具有较高的生物活性。在符合热力学约束的情况下，这会导致含 N、S 和 P 的富氧有机质快速地发生有氧生物降解。不同的有机质组分在红树林湿地的混合行为非常复杂，不仅是海水-淡水间的物理混合，还涉及光化学和生物地球化学过程。营养物质（DOC、TDN、TDSi、Mn、Ba）和腐殖质类有机质在红树林湿地上游及中游地区的演州河、三江河和演丰东河流域富集，主要受陆源输入、河流径流和红树林孔隙水交换影响。靠近海洋端元的演丰西河流域 pH、DO、EC、盐度、TDP 和类色氨酸有机质相对含量较高，表明受到海水稀释、潮汐混合、光氧化和微生物降解过程的影响。

第6章

微生物介导的红树林湿地沉积物
氮、硫迁移转化规律

红树林湿地氮循环过程和硫循环过程均是由微生物驱动的化学循环过程，基于宏基因测序技术研究湿地沉积物中参与氮和硫循环过程中的相关基因与相关微生物，是环境基因组学和环境微生物学的热点研究领域。氮是重要的营养元素，在促进红树林植物的生长和发育过程中起着重要的作用。红树林生态系统作为滨海四大生态系统之一，其沉积物中时刻都进行着丰富高效的氮循环过程。红树林沉积物中氮循环过程主要包括生物固氮、硝化与反硝化、厌氧氨氧化、硝酸盐异化还原成铵（dissimilatory nitrate reduction to ammonium，DNRA）和有机氮矿化，微生物过程是驱动红树林沉积物中氮循环过程的关键因素。红树林湿地沉积物具有缺氧、高硫和富营养等典型的沉积特征。红树林植物覆盖区域沉积物中的含硫量通常高于同地带的光滩区域或其他灌木覆盖区域，这对红树林沉积物的结构和性质都具有重要影响。由微生物驱动的红树林沉积物中硫氧化和还原过程被认为是控制红树林湿地沉积化学环境的关键过程。

本研究选择东寨港光滩区域（YS3）和红树林区域（YS4）5～10 cm、15～20 cm、35～40 cm 和 55～60 cm 深度沉积物为对象，将宏基因组测序获得的原始 reads 进行质控和去除宿主基因，使用 HUMAnN2 软件，将本研究各个样本的 reads 进行数据库对比（UniRef90），根据 UniRef90 ID 和基因与基因组（Kyoto encyclopedia of genes and genomes，KEGG）数据库的对应关系，得到本研究沉积物中所有微生物基因的注释信息和相对丰度表。然后从 KEGG 数据库获取与氮和硫循环相关基因的 KO 号，与本研究沉积物中所有微生物基因的注释信息和相对丰度表进行对比，得到红树林湿地沉积物中参与氮和硫循环过程相关基因及丰度信息，并在上述信息的基础上对东寨港光滩和红树林沉积物中参与氮和硫循环过程相关基因进行差异分析和相关性分析，揭示微生物介导的红树林湿地沉积物氮、硫的迁移转化规律及其生态环境效应。

6.1 光滩和红树林区氮、硫循环的功能微生物分布特征

6.1.1 氮循环功能微生物分布特征

滨海湿地存在固氮基因的微生物主要为变形菌门（Proteobacteria）、蓝细菌门

（Cyanobacteria）和厚壁菌门（Firmicutes），其中大部分固氮菌属于 γ-变形菌纲（Gammaproteobacteria）（Zilius et al.，2020）。在东寨港光滩沉积物和红树林沉积物中，Gammaproteobacteria 具有较高丰度，在光滩沉积物和红树林沉积物中与固氮相关的基因 $nifH$ 和 $ninfD$ 丰度同样较高，说明在东寨港沉积物中，Gammaproteobacteria 与固氮相关的基因具有较高的相关性。研究表明，驱动红树林沉积物硝化过程的氨氧化细菌（ammonia oxidizing bacteria，AOB）主要包含 $amoA$、$amoB$ 和 $amoC$ 基因，氨氧化细菌主要包括 β 变形菌纲（Betaproteobacteria）的亚硝化单胞菌属（Nitrosomonas）和亚硝化螺菌属（Nitrosospira）及 Gammaproteobacteria 的亚硝化球菌属（Nitrosococcus）（Shen et al.，2012）。在光滩区域，参与氨氧化过程的基因存在一定丰度，而红树林区域样品中参与氨氧化过程的基因丰度基本为零，说明光滩沉积物中存在由 AOB 驱动的氨氧化过程，红树林沉积物中基本上不存在由 AOB 驱动的氨氧化过程。具有反硝化基因的微生物主要为变形菌门、产水菌门（Aquificae）、异常球菌-栖热菌门（Deinococcus-Thermus）、厚壁菌门、放线菌门（Actinobacteria）和拟杆菌门（Bacteroidota）等类群，其中常见的属有芽孢杆菌属（Bacillus）、假单胞菌属（Pseudomonas）、微球菌属（Micrococcus）、气单胞菌属（Aeromonas）、弧菌属（Vibrio）、气杆菌属（Aerobacter）、产碱杆菌属（Alcaligenes）、短杆菌属（Brevibacterium）、黄杆菌属（Flavobactrium）等（Alfaro-Espinoza and Ullrich，2015；Jacinthe and Groffman，2006）。由图 6.1 可知，在光滩沉积物和红树林 5～10 cm 沉积物中，与反硝化相关的基因 $norB$ 具有较高丰度，说明驱动东寨港沉积物中反硝化过程的微生物中与反硝化相关的基因主要为 $norB$ 基因。研究表明，反硝化过程会导致沉积物中氮素的损失，并且在东寨港沉积物中绝大部分反硝化微生物不存在 $nosZ$ 基因，因此可能会造成 N_2O 的积累，沉积物中氮素的损失和 N_2O 的积累对沉积环境都具有较大的危害性。参与有机氮矿化的基因 $gdhA$ 在东寨港光滩和红树林沉积物中均存在较高丰度，$gdhA$ 基因主要与 α-变形菌纲（Alphaproteobacteria）和 Gammaproteobacteria 相关，少量与 Bacteroidetes 相关。

东寨港光滩和红树林沉积物中氮循环过程相关的基因丰度总体上随沉积物深度的增加而降低（图 6.2）。进一步分析可知，在东寨港沉积物中，固氮过程和有机氮矿化过程相关的基因丰度远高于硝化过程和反硝化过程，说明在东寨港沉积物中驱动固氮和有机氮矿化的微生物丰度高于驱动硝化和反硝化的微生物丰度。

在东寨港光滩区域，与固氮相关的基因 $nifH$ 和 $nifD$ 丰度随沉积物深度增加缓慢下降，而基因 $nifK$ 丰度随沉积物深度增加先增加后下降；在东寨港红树林区域，与固氮过程相关的基因 $nifH$ 和 $nifD$ 的丰度随沉积物深度变化趋势相同，即 $nifH$ 和 $nifD$ 基因丰度随沉积物深度增加变化较大，基因 $nifK$ 的丰度随沉积物深度增加而缓慢降低 [图 6.2（a）]。在光滩区域 5～10 cm、15～20 cm、35～40 cm 和 55～60 cm 深度样品中，Gammaproteobacteria 相对丰度依次为 8.26%、7.93%、6.22% 和 6.75%；在红树林区域 5～10 cm、15～20 cm、35～40 cm 和 55～60 cm 深度样品中，Gammaproteobacteria 相对丰度依次为 8.15%、1.94%、0.83% 和 3.93%。光滩区域和红树林区域样品中 Gammaproteobacteria 相对丰度随深度变化趋势与固氮基因随深度变化趋势一致，说明东

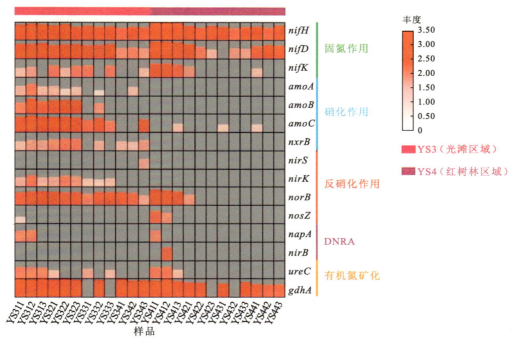

图 6.1　东寨港光滩和红树林沉积物中氮循环过程相关基因的丰度

丰度值取 $\log_{10}$

寨港沉积物中参与固氮过程的微生物主要为 Gammaproteobacteria。研究表明，微生物对红树林区域中氮的固定效果明显高于光滩区域。本研究中，0～20 cm 深度，红树林区域沉积物中与氮相关的基因丰度明显高于光滩区域；20～60 cm 深度，红树林区域沉积物中与氮相关的基因丰度与光滩区域接近，说明红树林的存在影响沉积物中固氮微生物横向和纵向分布特征。在固氮微生物丰富的区域，红树林生长更好，说明固氮微生物与红树林存在一种互惠关系（Alfaro-Espinoza and Ullrich，2015）。由图 6.2（d）可知，在东寨港光滩区域，与氮循环过程中有机氮矿化相关的基因 ureC 丰度随沉积物深度增加基本不变，而同样与有机氮矿化相关的基因 gdhA 丰度随沉积物深度增加先降低后增加。在东寨港红树林区域，有机氮矿化相关的基因 gdhA 丰度随沉积物深度增加先降低后基本保持不变。Alphaproteobacteria 和 Gammaproteobacteria 在光滩和红树林不同深度相对丰度之和随深度的变化趋势与 gdhA 基因随深度变化趋势基本一致，说明东寨港沉积物中 gdhA 基因主要存在于 Alphaproteobacteria 和 Gammaproteobacteria 中，即驱动东寨港沉积物中有机氮矿化的微生物群落主要为 Alphaproteobacteria 和 Gammaproteobacteria。

由图 6.2（b）可知，在东寨港光滩区域，参与硝化过程的基因 amoA 丰度随沉积物深度的增加明显下降，而基因 amoB、amoC 和 nxrB 丰度随沉积物深度增加缓慢下降或者基本保持不变，在红树林区域，与硝化过程相关的基因 amoC 丰度随沉积物深度增加基本保持不变。由图 6.2（c）可知，在东寨港光滩区域，与反硝化过程相关的基因 nirK 和 norB 的丰度随沉积物深度增加缓慢下降，而在红树林区域，参与反硝化过程的基因 norB 丰度随沉积物深度增加变化较大。

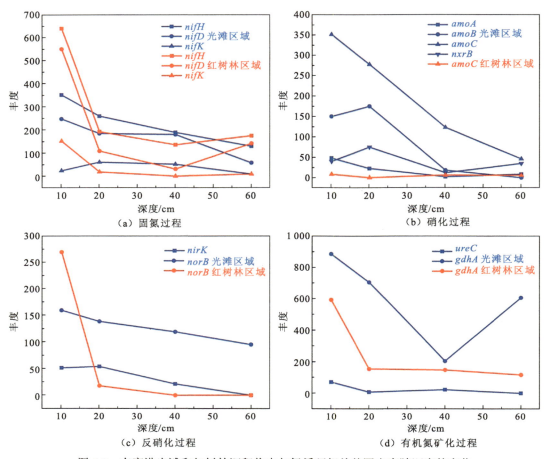

图 6.2   东寨港光滩和红树林沉积物中与氮循环相关基因丰度随深度的变化

6.1.2   硫循环功能微生物分布特征

东寨港湿地沉积物具有硫酸盐浓度高和氧含量低的特性，这种独特的沉积环境是造成硫酸盐还原菌（sulfate-reducing bacteria，SRB）和硫氧化菌（sulfur-oxidizing bacteria，SOB）在东寨港红树林区域和光滩区域分布存在显著差异的主要原因。SRB 主要分布于东寨港湿地沉积物的深层（20～60 cm），而 SOB 则分布于东寨港湿地沉积物的表层（0～20 cm）。

东寨港沉积物中参与硫氧化过程相关的基因类型和丰度如图 6.3 所示，参与硫单质氧化过程的基因 tusA 在东寨港光滩区域和红树林区域沉积物中均存在，且在红树林 5～10 cm 深度的沉积物中丰度较高。参与亚硫酸盐直接氧化途径的 soeA 和 soeB 基因主要存在于东寨港光滩区域 5～10 cm、15～20 cm、35～40 cm 和 55～60 cm 沉积物和红树林区域 5～10 cm 沉积物中，且在光滩区域和红树林区域 5～10 cm 沉积物中具有较高丰度。参与硫代硫酸盐氧化（polythionate sulfur oxidation，PSO）途径相关的基因 soxB、soxC 和 soxD 仅存在于个别采样点且丰度很低。东寨港光滩区域和红树林区域沉积物中参与硫还原过程相关基因的类型和丰度如图 6.4 所示，在东寨港光滩和红树林沉积物 5～10 cm 深度中，基因 *sat*、*aprA* 和 *aprB* 都具有较高丰度，在 15～20 cm、35～40 cm 和 55～60 cm 深度沉积物中，光滩区域沉积物中基因 *sat*、*aprA* 和 *aprB* 丰度明显高于红树林区域沉积物。另外，在光滩区域沉积物中，基因 *sat* 丰度随深度增加基本不变，而基因 *aprA* 和 *aprB* 随深度的增加明显减小。研究表明红树林沉积物中 *aprA* 和 *aprB* 基因主要存在于脱硫杆菌目（Desulfobacterales）和脱硫弧菌目（Desulfovibrionales），东寨港沉积物中 Desulfobacterales 属于优势菌种，并且 Desulfobacterales 丰度在光滩区域随深度基本不变，而在红树林区域随深度增加而减小，由图 6.4 可知，*aprA* 和 *aprB* 基因丰度在光滩区域沉积物中和红树林区域沉积物中随深度的变化趋势与 Desulfobacterales 丰度随深度变化趋势相同，说明东寨港沉积物中 *aprA* 和 *aprB* 基因主要存在于 Desulfobacterales 中，即参与东寨港湿地沉积物中硫酸盐还原的主要微生物为 Desulfobacterales。

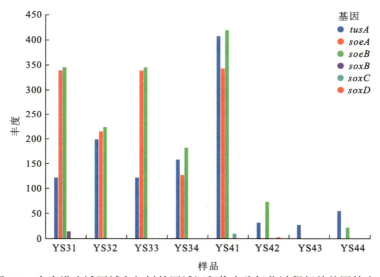

图 6.3 东寨港光滩区域和红树林区域沉积物中硫氧化过程相关基因的丰度

东寨港光滩区域和红树林区域沉积物中硫循环过程相关的基因丰度基本上随沉积物深度的增加而降低（图 6.5）。由图 6.5（a）可知，在东寨港光滩区域，与硫氧化过程有关的基因 *tusA* 丰度随沉积物的深度增加呈波动状态，而基因 *soeA* 和 *soeB* 丰度对沉积物深度增加的变化趋势一致，即基因 *soeA* 和 *soeB* 丰度在 0～60 cm 深度先减小后增加，而在东寨港红树林区域，与硫氧化过程有关的基因 *tusA*、*soeA* 和 *soeB* 丰度随沉积物深度增加变化趋势一致，其丰度均先急剧下降后基本保持不变。由图 6.5（b）可知，在东寨港光滩区域，与硫还原过程相关的基因 *aprA* 和 *aprB* 丰度随沉积物深度增加均下降，且基因 *aprA* 和 *aprB* 丰度随沉积物深度增加下降趋势一致，而基因 *cysD*、*dsrA* 和 *dsrB* 丰度随沉积物深度增加变化基本保持不变，基因 *sat* 丰度随沉积物深度增加呈波动状态。在东寨港红树林区域，与硫还原过程相关的基因 *sat*、*aprA*、*aprB* 丰度随沉积物深度增加变化趋势相似，其丰度随沉积物深度增加均先急剧下降后基本上保持不变，与硫还原过程相关的基因 *cysD*、*dsrA* 和 *dsrB* 丰度随沉积物深度增加变化趋势也相似，即基因 *cysD*、*dsrA* 和 *dsrB* 丰度随沉积物深度增加先缓慢下降后基本保持不变。

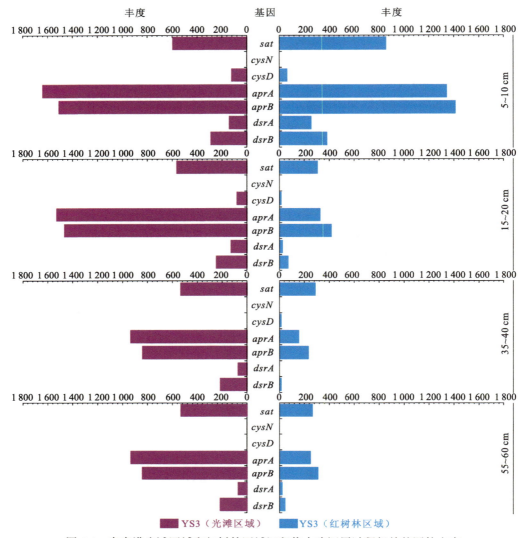

图 6.4 东寨港光滩区域和红树林区域沉积物中硫还原过程相关基因的丰度

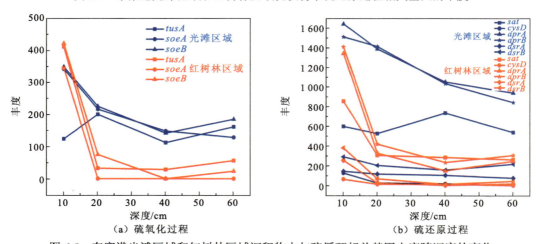

图 6.5 东寨港光滩区域和红树林区域沉积物中与硫循环相关基因丰度随深度的变化

6.2 光滩和红树林区氮、硫循环功能基因的差异性

6.2.1 氮循环功能微生物的差异性

采用在 Bray-Curtis 距离下的非度量多维尺度（non-metric multidimensional scaling，NMDS）分析探究东寨港光滩区域和红树林区域沉积物中氮循环过程相关基因的差异性。由图 6.6（a）可知，在拟合误差值（Stress）=0.077 8 条件下，YS3 采样区域（光滩区域）

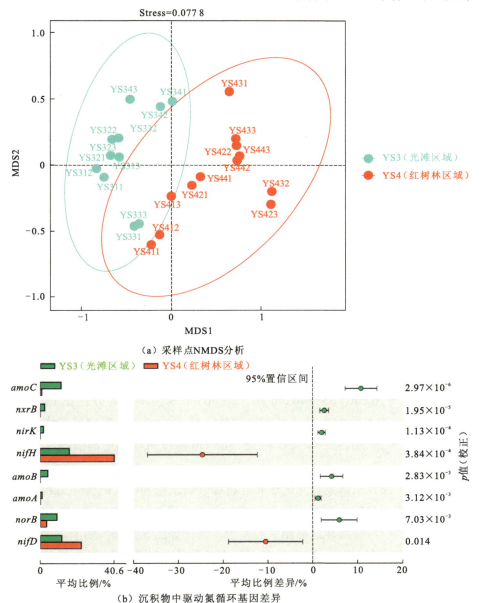

（a）采样点NMDS分析

（b）沉积物中驱动氮循环基因差异

图 6.6 东寨港光滩区域和红树林区域沉积物中驱动氮循环的相关基因差异分析

MDS1 为第一非度量维度，MDS2 为第二非度量维度

各个深度采样点和 YS4 采样区域（红树林区域）各个深度采样点在 MDS1 轴和 MDS2 轴上呈现明显区分，说明东寨港光滩区域和红树林区域沉积物中由微生物驱动的氮循环过程存在显著性差异。

为了更深入探究东寨港光滩区域和红树林区域沉积物中与氮循环过程相关基因的具体差异，本研究采用 Welch'S t-test 数据处理方式，在 95%置信区间条件下，对比光滩区域和红树林区域沉积物中与氮循环过程相关的基因，结果如图 6.6（b）所示。由图可知，东寨港光滩区域和红树林区域沉积物中存在较大差异的与氮循环过程的相关基因分别为 *amoC*、*nxrB*、*nirK*、*nifH*、*amoB*、*amoA*、*norB* 和 *nifD* 基因，其中 *nifH* 和 *nifD* 基因（与固氮过程相关的基因）主要在红树林区域沉积物的氮循环中起着关键作用，而 *amoC*、*nxrB*、*nirK*、*amoB*、*amoA* 和 *norB*（与硝化过程相关的基因）主要在光滩区域沉积物的氮循环中起着关键作用，说明红树林区域沉积物中生物固氮作用比光滩区域更强，而光滩区域生物硝化作用比红树林区域更显著，而光滩区域和红树林区域沉积物中反硝化过程、厌氧氨氧化过程和有机氮矿化过程不存在明显差异。前人研究也证明，红树林区域微生物固氮率明显高于光滩区域，表明红树林植物根系可以通过固氮微生物获取氮素为自身所用（Ravikumar et al., 2004）。

6.2.2　硫循环功能微生物的差异性

采用 PCA 分析探究东寨港光滩区域和红树林区域沉积物中硫循环过程相关基因的差异性。由图 6.7（a）可知，光滩区域和红树林区域 5～10 cm 深度沉积物样品在 PC2 轴上呈现明显区分，而 15～20 cm、35～40 cm 和 55～60 cm 深度沉积物在 PC1 轴呈现明显区分，但是 5～10 cm 沉积物区分程度明显高于 15～20 cm、35～40 cm 和 55～60 cm 深度沉积物，说明在东寨港光滩区域和红树林区域沉积物中与硫循环相关的基因存在差异，且光滩区域和红树林区域 5～10 cm 深度沉积物差异明显大于 15～20 cm、35～40 cm 和 55～60 cm 深度沉积物。另外，光滩区域和红树林区域 5～10 cm 深度沉积物与 15～20 cm、35～40 cm 和 55～60 cm 深度沉积物分别在 PC1 轴和 PC2 轴上明显区分，说明东寨港光滩区域和红树林区域 5～10 cm 深度沉积物中与硫循环相关的基因与 15～20 cm、35～40 cm 和 55～60 cm 深度沉积物中与硫循环相关的基因也存在显著差异。

为了更加深入探究东寨港光滩区域和红树林区域沉积物中与硫循环过程相关基因的具体差异，采用 Welch'S t-test 数据处理方式，在 95%置信区间条件下，对比光滩区域和红树林区域沉积物中与硫循环过程相关的基因，结果如图 6.7（b）所示。由图可知，东寨港光滩区域和红树林区域沉积物中存在较大差异的与硫循环过程的相关基因分别为 *aprA*、*soeA* 和 *sat*，其中 *sat* 基因主要在红树林区域沉积物的硫循环中起着关键作用，而 *aprA* 基因和 *soeA* 基因主要在光滩区域沉积物中起着关键作用。

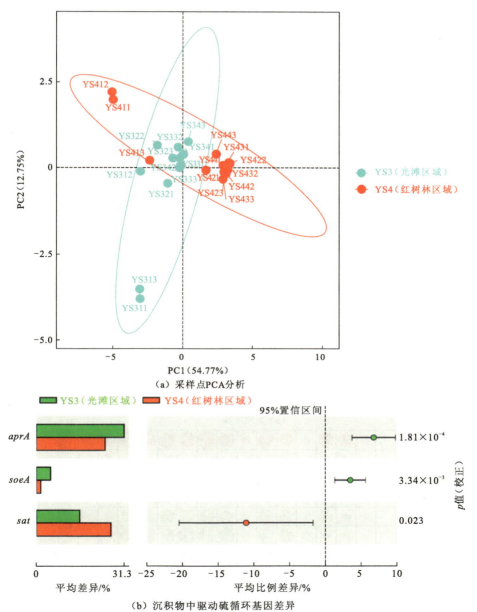

图 6.7　东寨港光滩区域和红树林区域沉积物中驱动硫循环的相关基因差异分析

6.3　影响沉积物氮、硫循环的关键环境因子

6.3.1　氮循环关键环境因子

沉积物中参与氮循环的微生物的类型和群落组成受环境温度、红树林物种组成、潮汐强度、pH、盐度、沉积物有机质含量、氧化还原状态和沉积物类型等因素显著影响（Alongi，2020）。为了深入了解影响东寨港湿地沉积物中氮循环过程的环境因子，先对

东寨港光滩区域和红树林区域参与氮循环的相关基因与理化指标进行对数处理，然后进行 Pearson 相关性分析，相关性分析显著水平为 $p < 0.05$，不显著点标注为空白点，分析结果如图 6.8 所示。

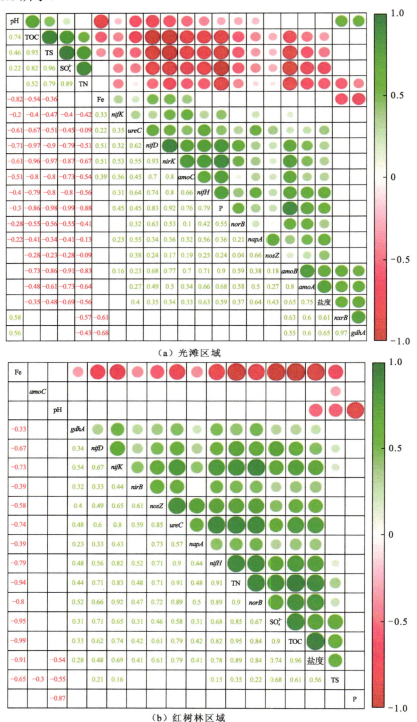

（a）光滩区域

（b）红树林区域

图 6.8 东寨港光滩区域和红树林区域沉积物中参与氮循环过程的相关基因与环境因子相关性分析

由图 6.8（a）可知，在光滩区域沉积物中，固氮过程相关的基因 *nifH* 与 TOC、TS 和 SO_4^{2-} 表现为强负相关关系（$-0.8 < r < -0.6$），与磷（P）和盐度表现为强正相关关系（$0.6 < r < 0.8$）；固氮过程相关的基因 *nifD* 与 TOC 和 TS 表现为极强负相关（$-1.0 < r < -0.8$），与 pH 和 SO_4^{2-} 表现为强负相关关系（$-0.8 < r < -0.6$），与 P 表现为极强正相关关系（$0.8 < r < 1.0$）。硝化过程相关的基因 *amoA* 与 TS、SO_4^{2-} 和 TN 表现为强负相关关系（$-0.8 < r < -0.6$），与盐度和 P 表现为强正相关关系（$0.6 < r < 0.8$）；硝化过程相关的基因 *amoB* 与 TS、SO_4^{2-} 和 TN 表现为极强负相关关系（$-1.0 < r < -0.6$），与 TOC 表现为强负相关关系（$-0.8 < r < -0.6$），与 P 表现为极强正相关关系（$0.8 < r < 1.0$），与盐度表现为强正相关关系（$0.6 < r < 0.8$）；硝化过程相关的基因 *amoC* 与 TOC、TS 和 SO_4^{2-} 表现为强负相关关系（$-0.8 < r < -0.6$），与 P 表现为强正相关关系（$0.6 < r < 0.8$）；硝化过程相关的基因 *nxrB* 与 Fe 表现为强负相关关系（$-0.8 < r < -0.6$），与盐度表现为强正相关关系（$0.6 < r < 0.8$）。反硝化过程相关的基因 *nirK* 与 TOC、TS 和 SO_4^{2-} 表现为极强负相关关系（$-1.0 < r < -0.8$），与 pH 和 TN 表现为强负相关关系（$-0.8 < r < -0.6$），与 P 表现为极强正相关关系（$0.8 < r < 1.0$）；有机氮矿化相关基因 *gdhA* 与 Fe 表现为强负相关关系（$-0.8 < r < -0.6$），与盐度表现为强正相关关系（$0.6 < r < 0.8$），与 pH 表现为中等程度正相关关系（$0.4 < r < 0.6$）；有机氮矿化相关基因 *ureC* 与 pH 和 TOC 表现为强负相关关系（$-0.8 < r < -0.6$）。

由图 6.8（b）可知，在红树林区域沉积物中，固氮过程相关的基因 *nifH* 与 Fe 表现为强负相关关系（$-0.8 < r < -0.6$），与 TOC 和 TN 表现为极强正相关关系（$0.8 < r < 1.0$），与盐度和 SO_4^{2-} 表现为强正相关关系（$0.6 < r < 0.8$）；固氮过程相关的基因 *nifD* 与 Fe 表现为强负相关关系（$-0.8 < r < -0.6$），与 TOC、SO_4^{2-} 和 TN 表现为强正相关关系（$0.6 < r < 0.8$）；固氮过程相关的基因 *nifK* 与 Fe 表现为强负相关关系（$-0.8 < r < -0.6$），与 TN 表现为极强正相关关系（$0.8 < r < 1.0$），与盐度、TOC 和 SO_4^{2-} 表现为强正相关关系（$0.6 < r < 0.8$）。反硝化过程相关的基因 *norB* 与 Fe 表现为极强负相关关系（$r = -0.8$），与 TOC 和盐度表现为极强正相关关系（$0.8 < r < 1.0$），与 SO_4^{2-} 表现为强正相关关系（$0.6 < r < 0.8$）；反硝化过程相关的基因 *nosZ* 与 TN、TOC 和盐度表现为强正相关关系（$0.6 < r < 0.8$）。有机氮矿化相关基因 *ureC* 与 Fe 表现为强负相关关系（$-0.8 < r < -0.6$），与 TN 表现为极强正相关关系（$0.8 < r < 1.0$），与 TOC 和盐度表现为强正相关关系（$0.6 < r < 0.8$）。

6.3.2 硫循环关键环境因子

研究表明，影响红树林湿地沉积物中 SRB 群落结构的主要环境因子为 TOC、pH、Fe 的浓度和盐度，且不同的环境因子对 SRB 群落结构的影响因采样区域、采样深度的不同而存在显著差异。为了深入了解东寨港沉积物中影响硫循环过程的环境因子，先对东寨港光滩区域和红树林区域参与硫循环的相关基因与理化指标进行对数处理，然后进行 Pearson 相关性分析，分析结果排列方式为 original 排列，相关性显著水平为 $p < 0.05$，不显著点标注空白，分析结果如图 6.9 所示。

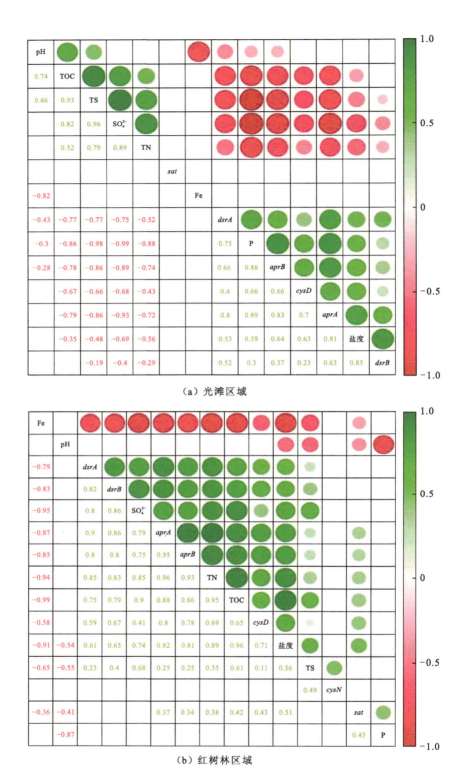

（a）光滩区域

（b）红树林区域

图 6.9　东寨港光滩区域和红树林区域沉积物中参与硫循环过程的相关基因与环境因子相关性分析

由图 6.9（a）可知，在光滩区域沉积物中，硫还原相关的基因 *aprA* 与 TS 和 SO_4^{2-} 表现为极强负相关关系(-1.0<*r*<-0.8)，与 TOC 和 TN 表现为强负相关关系(-0.8<*r*<-0.6)，与 P 和盐度表现为极强正相关关系（0.8<*r*<1.0）；硫还原相关的基因 *aprB* 与 TS 和 SO_4^{2-} 表现为极强负相关关系(-1.0<*r*<-0.8)，与 TOC 和 TN 表现为强负相关关系(-0.8<*r*<-0.6)，与 P 表现为极强正相关关系（0.8<*r*<1.0），与盐度表现为强相关性关系（0.6<*r*<0.8）；硫还原相关的基因 *dsrA* 与 TOC、TS 和 SO_4^{2-} 表现为强负相关关系（-0.8<*r*<-0.6），与 P 表现为强正相关关系（0.6<*r*<0.8），与盐度表现为中等程度正相关关系（0.4<*p*<0.6）；硫还原相关的基因 *dsrB* 与盐度表现为极强正相关关系（0.8<*r*<1.0）。

由图 6.9（b）可知，在红树林区域沉积物中，硫还原相关的基因 *aprA* 与 Fe 表现为极强负相关关系（-1.0<*r*<-0.8），与 TN、TOC 和盐度表现为极强正相关关系（0.8<*r*<1.0），与 SO_4^{2-} 表现为强正相关关系（0.6<*r*<0.8）；硫还原相关的基因 *aprB* 同样与 Fe 表现为极强负相关关系（-1.0<*r*<-0.8），与 TN、TOC 和盐度表现为极强正相关关系（0.8<*r*<1.0），与 SO_4^{2-} 表现为强正相关关系（0.6<*r*<0.8）；硫还原相关的基因 *dsrA* 与 Fe 表现为强负相关关系（-0.8<*r*<-0.6），与 SO_4^{2-} 和 TN 表现为极强正相关关系（0.8<*r*<1.0），与 TOC 和盐度表现为强正相关关系（0.6<*r*<0.8）；硫还原相关的基因 *dsrB* 同样与 Fe 表现为极强负相关关系（-1.0<*r*<-0.8），与 SO_4^{2-} 和 TN 表现为极强正相关关系（0.8<*r*<1.0），与 TOC 和盐度表现为强正相关关系（0.6<*r*<0.8）。

6.4 红树林湿地微生物驱动的氮、硫迁移转化规律

6.4.1 微生物驱动的氮迁移转化规律

红树林被认为是高产低营养的生态系统，氮的有效性是限制红树林生长发育的主要因素之一。东寨港光滩沉积物和红树林沉积物中氮循环过程存在一定差异，主要表现为红树林区域沉积物中生物固氮作用比光滩区域更强烈，光滩区域生物硝化作用比红树林区域更强烈，而光滩区域和红树林区域沉积物中反硝化过程、厌氧氨氧化过程和有机氮矿化过程不存在明显差异。在东寨港光滩和红树林沉积物中，参与氮循环相关的基因随沉积物深度的增加总体上呈减小趋势，表明在东寨港光滩和红树林中氮转化过程主要发生在表层沉积物中。研究表明在土壤剖面中，不同深度土壤的理化性质和养分资源存在较大的差异，导致不同深度土壤中微生物及其编码的基因丰度不同（Allison et al.，2013）。在亚热带和温带深林中，随着采样深度的增加，土壤中碳和养分资源会减少，这是导致参与氮循环相关基因随深度的增加而减少的主要原因（Tang et al.，2018）。滨海湿地中固氮过程和有机氮矿化过程为湿地系统从其他系统获取氮的过程，而反硝化过程、DNRA 过程和厌氧氨氧化过程则为湿地系统中氮去除过程。在本研究中，固氮微生物 Gammaproteobacteria 及与有机氮矿化相关的微生物 Alphaproteobacteria 和 Gammaproteobacteria 在东寨港沉积物中都具有较高丰度，而与反硝化过程、DNRA 过程和厌氧氨氧化过程相关的微生物在东寨港沉积物丰度并不高，说明氮获取（固氮过程和有机氮矿化过程）是东寨港光滩和红树林沉积物中氮循环的主要过程。

编码固氮酶的基因 *nifK*、*nifD* 和 *nifH* 在东寨港光滩和红树林区域均具有较高的丰度，而红树林区域 5～10 cm 沉积物中基因 *nifK*、*nifD* 和 *nifH* 丰度明显高于光滩区域，说明在东寨港光滩和红树林区域固氮作用均较强，且在 5～10 cm 深度沉积物中红树林覆盖区域固氮作用明显高于光滩区域（Toledo et al.，1995；Zuberer and Silver，1978）。环境因素是导致光滩和红树林沉积物中与固氮相关基因存在差异的主要原因（张瑜斌 等，2003）。在东寨港，光滩沉积物中 pH、TOC、TS、TN 和 SO_4^{2-} 与参与固氮过程相关的基因 *nifK*、*nifD* 和 *nifH* 表现为负相关，说明光滩沉积物中 pH、TOC、TS、TN 和 SO_4^{2-} 对参与固氮的微生物具有明显的抑制作用，而在红树林沉积物中 Fe 与参与固氮过程相关基因表现为负相关关系，TN、TOC 和 SO_4^{2-} 与参与固氮过程相关的基因表现为正相关关系，说明红树林沉积物中 Fe 对固氮微生物具有明显的抑制作用，而 TN、TOC 和 SO_4^{2-} 对固氮微生物具有明显的促进作用。

硝化作用是全球氮循环的关键过程，决定了土壤中无机氮的形态和流动，因此影响植物对氮利用的有效性和根际氮的损失。氨氧化过程主要由氨氧化细菌（AOB）和氨氧化古菌（ammonia-oxidizing archaea，AOA）驱动完成（De Boer and Kowalchuk，2001）。AOA 和 AOB 都可以利用氨单加氧酶（ammonia monooxygenase，AMO）将氨转化为羟胺（Yang et al.，2020；Norton et al.，2002）。在湿地沉积物中，AOB 和 AOA 的丰度可用于评估自养硝化作用的强度（Nelson et al.，2016；Tang et al.，2016）。研究表明，红树林湿地沉积物的 pH、氧浓度、底物浓度和有机质含量是影响氨氧化细菌在土壤中生存并发挥硝化功能的主要因素（Wang et al.，2015；Jia and Conrad，2009）。由于 AOA 中的 AMO 比 AOB 中的 AMO 具有更高的底物亲和力，因此 AOA 适应酸性和缺氮环境，在 pH<5.5 的酸性土壤环境中，只能检测到 AOA 具有活性，而 AOB 适应中性、碱性和富氮环境中，在 6.9<pH<8.0 的中性和碱性土壤环境中，AOB 具有较高活性（Yu et al.，2019；Shen et al.，2012；Zhang et al.，2012）在东寨港光滩区域，基因 *amoA*、*amoB* 和 *amoC* 丰度较高，而红树林区域仅存在 *amoC* 且丰度较低，说明东寨港光滩区域存在微生物硝化过程，而红树林区域不存在微生物硝化过程。光滩区域 pH 为 6.55～6.81，而红树林区域 pH 为 3.39～5.46。因此推测低 pH 是导致红树林区域（YS4）沉积物中 AOB 驱动的生物硝化过程几乎不存在的主要因素。在东寨港，光滩沉积物中 TOC、TS、TN 和 SO_4^{2-} 对氨氧化微生物具有明显的抑制作用，而在红树林沉积物中，由 AOB 驱动的氨氧化过程基本不存在。

反硝化是维持自然环境中氮素平衡的重要过程，与反硝化相关的微生物在有氧环境中利用 O_2 作为电子受体进行呼吸作用，在无氧环境中则利用硝酸盐作为电子受体进行呼吸作用，参与反硝化过程的相关基因分别为 *narG*、*nirK*、*nirS*、*norB* 和 *nosZ*（Luvizotto et al.，2018）。有研究表明，在红树林 5～20 cm 深度沉积物中存在反硝化过程（Alongi，2020）。在东寨港光滩区域，基因 *nirK* 和 *norB* 存在一定丰度，且丰度随深度变化不大，而在红树林区域，5～10 cm 深度沉积物中基因 *norB* 丰度较高，说明在东寨港光滩和红树林沉积物中存在一定程度的反硝化过程。

本研究关注的由微生物驱动的滨海湿地氮循环过程主要包括生物固氮、硝化与反硝化、厌氧氨氧化、DNRA 和有机氮矿化，通过 KEGG 数据库进行氮循环功能基因的注释，识别了参与氮循环过程的基因主要包括与固氮过程相关的基因 *nifD*、*nifK* 和 *nifH*；与硝

化过程相关的基因 *amoA*、*amoB*、*amoC*、*hao*、*nxrA* 和 *nxrB*；与反硝化过程相关的基因 *narG*、*nirK*、*nirS*、*norB* 和 *nosZ*；与硝酸盐异化还原成铵过程相关的基因 *hzo*、*hzsA* 和 *hzsB*；与厌氧氨氧化过程相关的基因 *napA*、*nasA*、*nrfA*、*nirA* 和 *nirB* 及与有机氮矿化过程相关的基因 *gdhA* 和 *ureC*。

东寨港沉积物中氮循环过程及驱动各个过程的基因如图 6.10 所示，由图可知东寨港光滩和红树林沉积物中驱动氮循环过程的相关基因包括 *nifD*、*nifK*、*nifH*、*amoA*、*amoB*、*amoC*、*nxrB*、*nirK*、*nirS*、*norB*、*nosZ*、*napA*、*nirB*、*gdhA* 和 *ureC*。由图 6.1 可知，参与东寨港沉积物中固氮过程的基因 *nifH*、*nifD* 和 *nifK* 在光滩和红树林沉积物中均存在，且在光滩和红树林区域各个深度的沉积物中都具有较高丰度。参与东寨港沉积物中硝化过程的基因 *amoA*、*amoB*、*amoC* 和 *nxrB* 主要存在于光滩沉积物中，并且在光滩区域 5～10 cm 和 15～20 cm 深度的沉积物中具有较高丰度。参与东寨港沉积物中反硝化过程的基因 *nirK*、*nirS*、*norB* 和 *nosZ* 同样主要存在于光滩沉积物中，在光滩沉积物中 *norB* 丰度较高，而 *nirK*、*nirS* 和 *nosZ* 丰度较低。参与东寨港沉积物中有机氮矿化过程的基因 *gdhA* 在光滩和红树林沉积物中均存在，且在光滩和红树林沉积物中均具有较高的丰度，而同样参与东寨港沉积物中有机氮矿化过程的基因 *ureC* 则主要存在于光滩沉积物中，且在光滩沉积物中 *uerC* 基因丰度明显低于 *gdhA* 基因丰度。

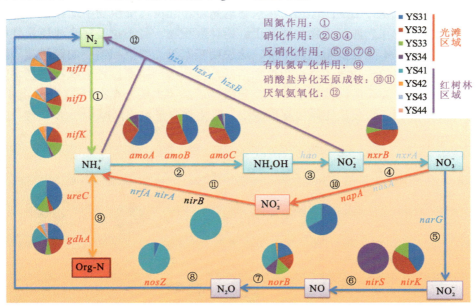

图 6.10　东寨港光滩和红树林沉积物中氮迁移转化规律

6.4.2　微生物驱动的硫迁移转化规律

硫是控制滨海湿地系统氧化还原反应过程的主要元素之一，也是滨海湿地植物生长发育和完成生理功能所必需的营养元素。虽然滨海湿地中发生着硫的化学氧化还原作用，但大多数湿地环境中硫氧化和还原过程是由微生物驱动完成的（徐海岩和颜望明，1994）。

SOB 和 SRB 在滨海湿地生态系统中具有同等重要的作用，SRB 将湿地沉积物中的硫酸盐还原为硫化物，产生的硫化物经过 SOB 驱动的硫氧化过程氧化后被植物吸收利用。因此，维持湿地沉积物中 SOB 和 SRB 群落的多样性和丰度，对构建滨海湿地生态系统中硫循环过程十分重要。研究表明，在红树林湿地沉积物中，SRB 驱动的硫酸盐还原过程比 SOB 驱动的硫氧化过程更加活跃，且 SRB 生物多样性远高于 SOB，因此硫酸盐还原过程在湿地沉积物硫代谢循环过程中占主导地位。虽然在滨海湿地环境中存在着多种多样的微生物群落，但是目前关于驱动硫酸盐循环过程的微生物和相关基因研究相对较少，有待更加深入地研究（Varon-Lopez et al.，2014）。

在东寨港湿地沉积物中，与硫氧化过程相关的基因包括硫单质氧化过程的基因 *tusA*、亚硫酸盐直接氧化途径的基因 *soeA* 和 *soeB* 在光滩 5～10 cm、15～20 cm、35～40 cm、55～60 cm 和红树林 5～10 cm 积物中均具有较高丰度。这说明东寨港光滩区域不同深度沉积物中均存在硫单质氧化过程和亚硫酸盐直接氧化过程，而红树林区域硫单质氧化过程和亚硫酸盐直接氧化过程仅存在于 5～10 cm 深度沉积物中。

滨海湿地沉积物是富含硫酸盐和有机物的缺氧环境，滨海湿地沉积物的缺氧环境有利于硫酸盐还原过程，硫酸盐还原通常被认为是滨海湿地沉积物中最重要的呼吸过程（Varon-Lopez et al.，2014）。在东寨港光滩和红树林沉积物中，与硫酸盐还原过程相关的基因 *sat*、*aprA*、*aprB*、*dsrA* 和 *dsrB* 在东寨港光滩和红树林沉积物中均存在（图 6.11），并且上述基因丰度在光滩沉积物中要高于红树林沉积物，且不论是在光滩还是红树林沉积物中，其丰度基本随深度增加而下降，这说明东寨港光滩沉积物中的硫酸盐还原过程比红树林沉积物中的硫酸盐还原过程更加活跃，且硫酸盐还原过程活跃程度基本随深度加深而变弱。有研究表明，滨海湿地中，硫酸盐还原菌主要分布在 0～10 cm 沉积物中，且随着深度的加深，硫酸盐还原菌逐渐减少，硫化物含量也逐渐减少（杨宁 等，2009）。

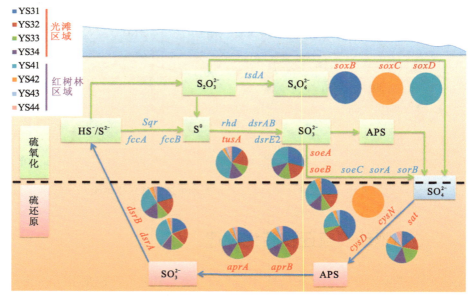

图 6.11　东寨港光滩和红树林沉积物中硫迁移转化规律

APS 为 adenosine-s′-phosphosulfate，腺苷酸磷酸硫

大量研究表明，在不同的生态环境中，SRB 的优势群落基本相同，在苏打湖、盐湖、高盐沼泽、滨海沉积物和红树林沉积物中，SRB 群落主要属于 δ-变形菌纲（Deltaproteobacteria）的 Desulfovibrionales、脱硫球茎菌科（Desulfobulbaceae）、脱硫杆菌科（Desulfobacteraceae）中的一类或者多类（Foti et al.，2007）。Desulfobacterales 主要存在于受污染的沉积物中，与碳氢化合物的厌氧降解过程有着密切的关系，Desulfovibrionales 具有较强的环境适应能力，能够快速适应人类活动导致的重金属污染和石油污染的红树林沉积物中（Varon-Lopez et al.，2014）。在本研究中，光滩沉积物和红树林沉积物中的 SRB 群落主要属于 Desulfobacterales，且属于优势群落，说明东寨港沉积物受到一定程度的人类活动污染。

6.5　本章小结

本章对红树林湿地沉积物中参与氮和硫循环过程相关基因及丰度信息进行分析，在此基础上对东寨港光滩和红树林沉积物中参与氮和硫循环过程相关基因进行差异分析和相关性分析，揭示了微生物介导的红树林湿地沉积物氮、硫的迁移转化规律及其生态环境效应。研究结果如下。

东寨港光滩区域和红树林区域沉积物中氮循环存在差异，且随着沉积物深度的增加，微生物驱动的氮循环的各个过程的强烈程度均呈下降趋势。在东寨港光滩沉积物中，固氮过程、硝化过程、反硝化过程和有机氮矿化过程均存在，而红树林沉积物中，仅存在较为强烈的固氮作用和有机氮矿化过程。驱动东寨港沉积物中固氮过程的微生物主要为 Gammaproteobacteria，驱动东寨港沉积物中有机氮矿化的微生物主要为 Alphaproteobacteria 和 Gammaproteobacteria。控制东寨港光滩和红树林沉积物中氮循环过程的环境因子存在差异。东寨港光滩区域沉积物中，pH、TOC、TS、TN 和 SO_4^{2-} 对氮循环各个过程主要为抑制作用，P 对氮循环各个过程主要为促进作用。东寨港红树林区域沉积物中，Fe 对氮循环各个过程主要为抑制作用，盐度、TOC、TN、SO_4^{2-} 对氮循环各个过程主要为促进作用。

东寨港光滩区域和红树林区域沉积物中硫循环差异显著，且随着沉积物深度的增加，微生物驱动的硫循环的各个过程的强烈程度均呈下降趋势。硫酸盐还原过程是东寨港沉积物中的主要生物化学过程之一，而驱动东寨港沉积物中硫酸盐还原过程的微生物主要为 Desulfobacterales。控制东寨港光滩和红树林沉积物中硫还原过程的环境因子存在差异。东寨港光滩区域沉积物中，TOC、TS、TN 和 SO_4^{2-} 对硫还原过程主要为抑制作用，盐度和 P 对硫还原过程主要为促进作用。东寨港红树林区域沉积物中，Fe 对硫还原过程主要为抑制作用，盐度、TOC、TN 和 SO_4^{2-} 对硫还原过程主要为促进作用。

第7章

地下水排泄驱动的红树林湿地
生源要素循环

滨海含水层咸淡水交互条件下的生物地球化学过程已经在世界范围内进行了深入研究（Santos et al., 2021；Yan et al., 2021；Liu et al., 2017b），基本查明了滨海含水层中各生源要素的主要迁移转化途径（Gonneea and Charette, 2014），并基于已掌握的生源要素循环过程构建了相应的理论数值模型，量化了各生源要素的迁移转化通量，为滨海含水层中生源要素循环提供了重要的认识（Cogswell and Heiss, 2021；Kim et al., 2020；Heiss et al., 2017）。然而，上述理论模型通常只考虑单一条件，缺乏多生源要素的耦合模拟和现场数据的对比验证，并且模型只考虑了单一的可溶性有机质组分。对于咸淡水交互模式较为复杂的红树林湿地，已有研究不能为湿地含水层中生源要素的分布提供全面解释。

前文研究中查明了湿地生源要素的时空分布情况，并初步分析了生源要素的迁移转化过程，但无法精细刻画地下水排泄驱动的各生源要素循环排泄特征。因此，本章基于已搭建的等效水盐运移模型，进一步将红树林湿地含水层中主要的生物地球化学过程引入水盐运移模型中，主要以地下水常规水化学指标及生源要素（碳、氮、硫）的时空分布为基准，率定模型中关键生物地球化学反应参数，最终得到与实际等效的生源要素反应-运移模型。在此基础上，利用该模型识别各生源要素反应热区和热时，量化红树林湿地含水层系统中生源要素的反应-运移通量，同时定量评估养殖活动和红树林湿地表层渗透性等因素对生源要素迁移转化的影响，进一步为红树林湿地的生态环境保护提供科学依据。

7.1 反应-运移模型建立

7.1.1 数学模型

PFLOTRAN 中考虑反应的溶质运移运移控制方程（Lichtner et al., 2015）如下：

$$\frac{\partial C}{\partial t} = \nabla \cdot (\boldsymbol{D}\nabla C) - \boldsymbol{v} \cdot \nabla C + \sum R_{\mathrm{r}} \tag{7.1}$$

该式与式（4.6）的区别在于增加了反应项 R_{r}，该反应项代表红树林湿地含水层生物地球化学反应对地下水溶质浓度的影响，模型考虑的主要反应包括溶液相各类基本水化学反应、微生物参与的氧化还原反应及矿物沉淀溶解反应。其中基本的热力学及矿物沉淀溶解反应参数均来自 PFLOTRAN 默认数据库"hanford.dat"，微生物介导的氧化还原反应（表 7.1）采用 MONOD 模块进行设置，其动力学反应速率方程（Levenspiel et al.，1980）为

$$R_i = k_{max} XI \frac{C_D}{K_D + C_D} \frac{C_A}{K_A + C_A} \tag{7.2}$$

式中：R_i 为不同反应的速率；C_D 和 C_A 分别为反应中的电子供体和电子受体浓度；K_D 和 K_A 为对应的半饱和常数；k_{max} 为最大反应速率常数；X 为微生物的生物量；I 为非竞争性抑制因子，当不存在抑制性溶质时为 1，当存在抑制性溶质时，根据如下公式计算：

$$I = \frac{I_i}{I_i + C_I} \tag{7.3}$$

其中：C_I 为溶质的抑制常数；I_i 为抑制溶质的浓度，随着抑制溶质浓度的降低，抑制因子 I 趋近于 1。

表 7.1 反应–运移模型关键参数

参数	值		单位
	海水溶质浓度（咸水）	地下水溶质浓度（淡水）	
pH	7	7	—
O_2	2.72×10^{-4}	3.1×10^{-5}	
HCO_3^-	2.3×10^{-3}	1×10^{-3}	
Cl^-	5.13×10^{-1}	1.7×10^{-2}	
K^+	1×10^{-2}	8×10^{-4}	
Na^+	5.13×10^{-1}	1.7×10^{-2}	
Ca^{2+}	1×10^{-2}	2.8×10^{-3}	
Mg^{2+}	5×10^{-2}	1.5×10^{-3}	
Fe^{2+}	3.57×10^{-7}	9×10^{-7}	
Fe^{3+}	3.21×10^{-6}	4×10^{-7}	mol/L
NO_3^-	2.26×10^{-4}	4×10^{-4}	
NH_3	1.67×10^{-4}	1.5×10^{-3}	
N_2	1×10^{-10}	1×10^{-10}	
SO_4^{2-}	2×10^{-2}	4×10^{-4}	
HS^-	6×10^{-7}	3×10^{-7}	
DOC1	2×10^{-4}	2.5×10^{-5}	
DOC2	1×10^{-5}	2.5×10^{-5}	

参数	值				单位
矿物相	第一层	第二层	第三层	第四层	
f -方解石	0	1×10^{-4}	0	0	—
A_s -方解石	0	$30\sim3\,000$	0	0	m^2/m^3
f -针铁矿	1×10^{-5}				—
A_s -针铁矿	6×10^4				m^2/m^3
f -磁铁矿	1×10^{-3}			1×10^{-20}	—
A_s -磁铁矿	6×10^2			6×10^2	m^2/m^3
f -黄铁矿	1×10^{-4}			1×10^{-4}	—
A_s -黄铁矿	10	1×10^{-2}	1×10^{-2}	1×10^{10}	m^2/m^3
f -SOM1	0.003	0.002	0.001	0.001	—
A_s -SOM1	5×10^2	2.3×10^3	1	30	m^2/m^3
$\log K_s$ -SOM1	-5.38				—
f -SOM2	0.012	0.003	0.002	0.002	—
A_s -SOM2	5×10^2	7	1.5	3	m^2/m^3
$\log K_s$ -SOM2	-4.80				—

微生物介导的生源要素反应	速率 k_{max}	单位
$DOC1 + 2O_2 \longrightarrow 2HCO_3^- + H^+ + 0.1NH_3$	5.48×10^{-4}	
$DOC2 + 2O_2 \longrightarrow 2HCO_3^- + H^+ + 0.05NH_3$	5.48×10^{-6}	
$DOC1 + 1.6NO_3^- \longrightarrow 2HCO_3^- + 4N_2 + 0.8H_2O + 0.1NH_3$	1.10×10^{-3}	
$DOC2 + 1.6NO_3^- \longrightarrow 2HCO_3^- + 4N_2 + 0.8H_2O + 0.05NH_3$	1.10×10^{-5}	
$NH_3(aq) + 2O_2 \longrightarrow NO_3^- + H_2O + H^+$	3.00×10^{-4}	
$DOC1 + 8Fe^{3+} + 4H_2O \longrightarrow 8Fe^{2+} + 2HCO_3^- + 9H^+ + 0.1NH_3$	8.05×10^{-8}	
$DOC2 + 8Fe^{3+} + 4H_2O \longrightarrow 8Fe^{2+} + 2HCO_3^- + 9H^+ + 0.05NH_3$	8.05×10^{-10}	$1/s$
$DOC1 + SO_4^{2-} \longrightarrow 2HCO_3^- + HS^- + 0.1NH_3$	4.52×10^{-9}	
$DOC2 + SO_4^{2-} \longrightarrow 2HCO_3^- + HS^- + 0.05NH_3$	4.52×10^{-11}	
$0.5HS^- + O_2 \longrightarrow 0.5H^+ + 0.5SO_4^{2-}$	2.38×10^{-8}	
$Fe^{2+} + 0.25O_2 + H^+ \longrightarrow Fe^{3+} + 0.5H_2O$	5.26×10^{-11}	
$HS^- + 1.6NO_3^- + 0.6H^+ \longrightarrow SO_4^{2-} + 0.8N_2 + 0.8H_2O$	7.00×10^{-8}	
$Fe^{2+} + 0.2NO_3^- + 1.2H^+ \longrightarrow Fe^{3+} + 0.1N_2 + 0.6H_2O$	7.00×10^{-8}	

Monod 速率方程关键参数	值	单位
微生物生物量, X	4.2×10^{-5}	mol/L
NH_3 半饱和常数, K_{NH_3}	2.39×10^{-5}	

Monod 速率方程关键参数	值	单位
O_2 半饱和常数，K_{O_2}	1.65×10^{-4}	
DOC 半饱和常数，K_{DOC}	7.23×10^{-8}	
NO_3^- 半饱和常数，$K_{NO_3^-}$	7.14×10^{-5}	
Fe^{3+} 半饱和常数，$K_{Fe^{3+}}$	5.2×10^{-4}	
Fe^{2+} 半饱和常数，$K_{Fe^{2+}}$	1×10^{-5}	mol/L
HS^- 半饱和常数，K_{HS^-}	1×10^{-5}	
O_2 抑制常数，I_{O_2}	7.81×10^{-6}	
NO_3^- 抑制常数，$I_{NO_3^-}$	1×10^{-7}	
Fe^{3+} 抑制常数，$I_{Fe^{3+}}$	1×10^{-12}	

注：微生物反应中 DOC1 和 DOC2 均以乙酸根（CH_3COO^-）代替；矿物及微生物反应速率参数在前人研究（Cogswell and Heiss，2021；Smith et al.，2019；Knights et al.，2017；Arora et al.，2016；Maia et al.，2016；Xu et al.，2013；Zarnetske et al.，2012；Tarpgaard et al.，2011；Gu et al.，2007；Liu et al.，2001）的基础上，利用实测数据率定得到

虽然有机碳的生物降解通常基于几个主要反应部分进行模拟（Riley et al.，2014；van Breukelen et al.，2004；Bosatta and Ågren，1995），但为了减少模型的计算量，本研究假定单一固相碳源沉积有机质（sedimentary organic matter，SOM）是 DOC 的来源。假设 SOM 与孔隙水发生动力学反应，并且在模型中以乙酸盐的形式提供无限 DOC 供应。尽管这种刻画方式较为简单，但对 SOM 和溶解有机碳的关系已被广泛用于其他反应性迁移研究（Arora et al.，2016；van Breukelen et al.，2004；Hunter et al.，1998），SOM 溶解过程的速率方程为

$$R_m = -k f_{SOM} A_s \left(1 - \frac{\gamma [DOC]}{K_s} \right) \tag{7.4}$$

式中：k 为动力学速率常数；f_{SOM} 为矿物体积占比；A_s 为矿物比表面积；γ 为 DOC 的活度系数；K_s 为 DOC 的溶解常数。

7.1.2 模型反应网络剖分及参数

反应-运移模型是基于水盐模型构建的，模型范围和空间离散与水盐模型保持一致。溶质边界类型与水盐模型相同，即在含水层-海洋边界上向模型外溶质浓度梯度为零，向模型内溶质为恒定浓度，内陆边界也为恒定溶质浓度，其他无流边界被设置为零溶质通量。稳态反应-运移模型（reactive transport model，RTM）初始条件中溶液相按溶质浓度分为咸水和淡水，分别为实测海水和地下水淡水中各溶质平均浓度。其中与实测结果存在较大差异的是海水 pH，虽然实测东寨港港内海水 pH 平均值为 8.1，但监测剖面附近海水受到地下水混合影响，pH 范围为 6.7～7.6，因此为了获取更好的拟合效果最终将海洋端 pH 设置为 7。咸水和淡水的分布与基准水盐模型类似，即仅将模型上部含水层设置

为咸水，以便模型尽快到达准稳态。根据 PHREEQC 中矿物饱和指数的计算结果选择模型中考虑的矿物，忽略饱和指数较小的石盐和石膏，选取方解石、针铁矿、磁铁矿和黄铁矿作为主要矿物。由于第二层淤泥质黏土中存在贝壳碎屑，矿物相的初始条件中仅在第二层设置方解石的沉淀溶解，同时考虑海洋和内陆的差异，对海洋一侧和内陆一侧的方解石沉淀溶解程度进行区分。针铁矿和黄铁矿在模型空间上的矿物占比分布是均匀设置的，磁铁矿在第四层中的占比设置为极小值。水体样品溶解性有机质荧光分析中溶解性有机质被分为 C1、C2 和 C3 三个组分，其中 C1 和 C2 组分为高分子溶解性有机质，C3 为低分子溶解性有机质，所以在模型中将 DOC 分为两类：DOC1 和 DOC2。DOC1 代表低分子并且容易被微生物利用的有机质，DOC2 代表分子量高并且不易被微生物利用的有机质。由于 DOC 的荧光强度与浓度呈正相关，所以模型中高分子 DOC 和低分子 DOC 的浓度比参考（C1+C2）/C3。同时也将溶解释放这两类 DOC 的沉积物有机质设为 SOM1 和 SOM2，并按照式（7.4）中矿物溶解速率方程分别设置对应参数。

反应-运移模型忽略了浓度极低的亚硝酸盐，微生物介导的生源要素反应中无须考虑亚硝酸盐参与的反应。在模型区分 DOC1 和 DOC2 后，也设置对应的氧化还原反应，并通过将 DOC2 参与的反应速率常数设为 DOC1 反应速率的 1% 来区别两类反应。同时考虑 DOC 降解过程中也会存在氮的释放，在所有 DOC 参与的反应生成物中加入了 NH_3 （Wallace et al.，2020），并根据沉积物中有机质的 C/N（8～20）设置不同的 NH_3 生成系数。通常低分子有机质的 C/N 小于高分子有机质，所以 DOC1 和 DOC2 的 NH_3 生成系数分别设置为 0.1 和 0.05。

在模型拟合过程中，模型数据库中已知的各类矿物沉淀溶解速率主要是通过矿物比表面积来控制。对于假定的沉积有机质矿物，除修改比表面积以外，还会调整矿物的溶解常数。对于 Monod 方程中的反应速率，实际参数率定中直接改变生物量和反应速率的乘积，因为本研究并未获取监测剖面的微生物生物量空间分布，表 7.1 中给出的微生物量均为文献参考值，由此换算得到 Monod 方程反应速率供对比参考。

7.1.3 模型案例设置

当建立的反应-运移模型结果等效实际监测剖面中的主要水文生物地球化学过程后，通过改变部分模型条件来探究内陆高位养殖活动及红树林地表垂向渗透性对生源要素反应-运移过程的影响。由于本研究监测剖面内陆方向的所有高位养殖池塘的养殖废水均通过潮沟 TC2 排入东寨港[图 3.1（b）]，海水与养殖废水混合之后会富含大量的 DOC、硝酸盐和氨氮等营养物质，并在涨潮时入渗至红树林湿地含水层。此外高位养殖过程也需要大量的淡水来维持养殖水环境的稳定，通常养殖池塘周边就有地下淡水开采井，多个养殖池塘长期抽取地下水会导致内陆方向地下水水位的降低（Shi and Jiao，2014）。基于此种情景设置了两种反应-运移模型以模拟没有禁止高位养殖时养殖废水排泄和内陆抽水对红树林湿地生源要素循环的影响，分别为 RTM-1 和 RTM-2。在案例 RTM-1 中提高海水中低分子 DOC（30 mg/L）、硝酸盐（30 mg/L）和氨氮（10 mg/L）的浓度，案例 RTM-2 则是降低内陆方向地下水水位至 2.3 m。

从水盐模型的案例分析中可以发现红树林湿地表层垂向渗透性对海洋边界水量的交换影响较大，此外表层渗透性容易受红树林植物根系和底栖生物洞穴的影响而发生明显改变。因此在反应-运移模型中设置了两种不同的红树林植物根系层垂向渗透系数，分别是基准反应-运移模型（基准 RTM）的 10 倍和 10%，对应案例 RTM-3 和 RTM-4。

7.1.4　模型并行运算设置

同时考虑潮汐波动和各类生物地球化学反应时，模型计算量极大，运行速度缓慢，而且容易产生数值振荡，模型难以收敛。因此，本书参考 Heiss（2017）的研究将反应-运移模型分为两个阶段运行：第一阶段为不考虑潮汐波动的稳态模型，将含水层-海洋边界的水动力条件设置为恒定静水压力边界，压力值为水盐模型新月-满月周期内的平均静水压力；第二阶段为考虑潮汐波动的动态模型，在稳态模型运行至相对稳定状态之后，再将含水层-海洋边界设置为与水盐模型一致的动态渗透边界。

因为反应-运移模型计算量较水盐运移模型显著增大，MIT SuperCloud 云计算平台上单个节点的计算效率达到了瓶颈，因此本研究同样测试不同计算节点和处理器核心对数值模型计算效率的影响，最终选择在 3 个计算节点上求解反应-运移模型，每个节点都调用该节点全部的 48 颗 Intel Xeon Platinum 8260 处理器核心，共计 144 个处理器核心。对于基准反应-运移模型，以 0.04 天最大步长模拟 96 000 天所需的时间为 72 h，而加入动态潮汐边界后，以同样的最大时间步长模拟 365 天需要 2.4 h。

7.1.5　模型分析指标

研究选取两类模型指标定量分析生源要素的迁移转化过程，包括溶质在海洋-含水层界面的交换量和主要生物地球化学反应中物质反应量。其中溶质在含水层-海洋界面的交换量为潮汐边界溶质在一个周期内的流出/流出量，计算公式为

$$E_x = \sum_1^n v \cdot C_i \cdot \varphi \cdot x_i \qquad (7.5)$$

式中：n 为海洋边界上的网格数量；v 为地下水实际流速；C_i 为第 i 个网格中溶质的浓度；φ 为孔隙度；x_i 为第 i 个网格 X 方向上的长度。

主要生物地球化学反应中物质反应量是根据各生物地球化学过程的速率方程计算各网格中的反应速率，计算公式为

$$M = \sum_1^n R \cdot x_i \cdot z_i \cdot \varphi \qquad (7.6)$$

式中：n 为纳入统计的网格数量；R 为反应速率；x_i 和 z_i 分别为第 i 个网格 X 方向和 Z 方向上的长度。

研究区为不规则半日潮，选择较长的时间段定量会更具有代表性，因此所有周期分析的时间段均为新月-满月周期（14 天），对应动态反应-运移模型的第 231～245 天。

7.2 生源要素反应-运移模型结果分析

7.2.1 动态水盐模型结果验证

在反应-运移模型采用"先稳态运行再加入潮汐动态运行"的方法之前,利用水盐运移模型对该方法进行测试,以验证其可靠性。从图 7.1(a)和图 7.1(b)盐分空间分布的对比结果中可以看出,稳态模型盐分的总体分布与动态模型保持一致。但稳态模型中咸淡水交互区(19～25 ppt)范围相对较小,这是因为动态水盐模型中海洋边界处静水压力的动态变化丰富了地下水的排泄路径,例如在高潮位时更大的静水压力可以让盐分迁移至更深的范围,而在低潮位时大的水力梯度可以加快地下水排泄速度,淡水排泄过程更加明显[对应图 7.1(e)中动态模型盐分降低得更快]。

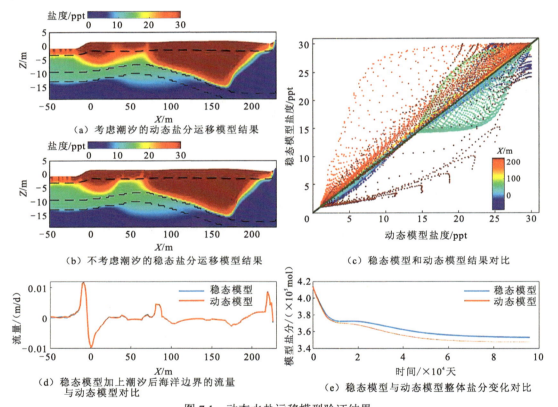

图 7.1 动态水盐运移模型验证结果

(b)中海洋边界设置为恒定静水压力边界;(c)中颜色代表 X 方向的距离

从图 7.1(c)中也可以看出盐度差异较大的区域在 $X=50$ m 和 220 m 附近,这两处是淡水向地表排泄的主要区域,会更容易受到潮汐动态变化的影响,因此动态盐分模型中咸淡水交互区的范围也会相对较大。虽然两种水盐运移模型在盐分分布上有少许差异,但动态模型在引入潮汐继续运行一年之后,相同周期内含水层-海洋边界上的地下水排泄通量与稳态模型差异更小,两条沿界面的排泄曲线几乎重合[图 7.1(d)]。因此利用含水层-海洋边界上的平均静水压力作为稳态模型的边界条件能达到与动态盐分模型接近的结果，可以用于反应-运移模型条件设置。

7.2.2　反应-运移模型结果分析

1. 碱度、pH 和 DO

反应-运移模型中碱度、pH 和 DO 的模拟结果如图 7.2 所示。模拟地下水 HCO_3^- 浓度范围和分布与实测结果较为接近，HCO_3^- 高浓度区都位于含水层的中部。实测的 HCO_3^- 在监测点 S6～S9（红树林高密度区）存在明显的富集，对应模拟结果中 100 m<X<200 m 范围。在该范围内模拟 HCO_3^- 富集深度（6～16 m）小于实测结果（3～12 m），从图 7.2（b1）中也可以看出部分浅层监测点实测浓度会大于模拟值。在 X<100 m 的范围中，HCO_3^- 的高浓度分布实测结果与模拟结果完全一致，均分布在深度 3～9 m 处，但是模拟浓度（11 mol/L）大于实测浓度（9 mol/L）。从模拟的浓度分布结果中不难发现 HCO_3^- 浓度高

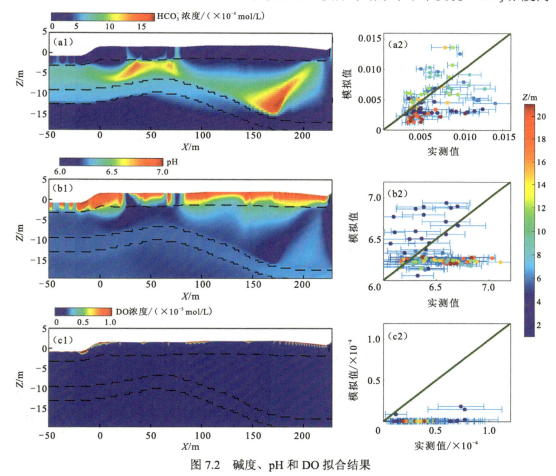

图 7.2　碱度、pH 和 DO 拟合结果

（a1）、（b1）、（c1）为稳态反应-运移模型 HCO_3^-、pH 和 DO 的模拟浓度分布；（a2）、（b2）、（c2）为对应监测点实测结果平均值与模拟值对比；（a2）、（b2）、（c2）中点的颜色代表监测点深度，横轴方向的误差棒代表多次实测结果的标准偏差，直线代表模拟结果与实测结果的最佳拟合直线（$y=x$）；三组数据的 RMSE 依次为 0.003 mol/L、0.36 mol/L 和 0.000 04 mol/L

值分布范围与咸淡水交互区极为接近，表明在咸淡水交互过程中地下水排泄及各类生物地球化学反应会导致 HCO_3^- 在咸淡水交互区富集，而海水与地下水的混合作用会导致浅层地下水中 HCO_3^- 浓度接近海水浓度。但由于模型中并未考虑含水层在水平方向的空间异质性，所以模型中第一层的 HCO_3^- 浓度分布相对实测结果更加均匀，只在淡水排泄区域（$20\ m < X < 70\ m$）存在较高浓度的 HCO_3^-，并且模拟结果中第一层的 HCO_3^- 浓度整体小于实测结果（对应 1 m 和 3 m 深度的监测点）。反应-运移模型结果与实测结果的差异可能与模型第一层水文地质结构有关，因为为了刻画因红树林植物根系和底栖洞穴带来垂向连通性，模型整体赋予了较大垂向渗透系数，所以相比实际情况，溶质的混合可能更加均匀。红树林区表层 HCO_3^- 模拟结果小于实测结果，表明红树林高密度区表层可能存在较多产 HCO_3^- 生物地球化学反应过程。

虽然地下水的 pH 受很多因素影响，拟合难度相对较大，但模拟的 pH 范围和分布与实测结果较为接近，在红树林高密度区的含水层中模拟值和实测值都较低，并且随着深度的增加 pH 也略微增大。从实测结果与模拟结果的对比图［图 7.2（b2）］中可以看出，浅层地下水的 pH 模拟值高于实测值，部分原因是表层地下水与海水混合导致 pH 增大。1 m 深度内的地下水 pH 接近海水，而深层地下水 pH 模拟值低于实测值，并且模拟值范围（6.1～6.3）要远小于实测结果（6.2～7.1）。虽然模型中地下水和海水都设置了相同的 pH，但伴随咸淡水交互作用的进行，模拟的 pH 最终分布也开始接近实测分布，进一步表明模型对关键水文地球化学生物过程刻画较为合理。

地下水中溶解氧模拟浓度与实测结果偏差很大。模型中海洋边界处的溶解氧浓度设置为 8.7 mg/L，接近室温下的饱和溶解氧浓度，但溶解氧浓度在地表 1 m 深度就降低至 0.1 mg/L，主要是因为硝化和有氧呼吸过程反应速率极快，溶解氧很难进一步运移至更深的含水层。同时在监测剖面采样过程中，由于短时间内水体样品数量较多，很难快速完成所有样品测试，其次受含水层渗透性的影响，部分深层抽水管中会有空气混入，导致实测地下水样品溶解氧浓度可能较高。此外，也有研究表明在地下水波动的环境中，溶解氧更容易带入含水层中（Barnes et al.，2019；Williams and Oostrom，2000），从而使得变饱和带的地下水溶解氧浓度较高，并且红树林植物根系及底栖洞穴导致的垂向优先通道也会让更多的溶解氧快速进入至第一层含水层中，因此模型可能低估了第一层含水层的溶解氧浓度。然而在其他红树林湿地地下水的研究（Liu et al.，2018）中，地表以下 2 m 深度的地下水 DO 浓度已经降低至 0.5 mg/L 以下，与模型结果较为接近，所以反应-运移模型溶解氧浓度模拟结果与实测结果的差异是可接受的。

2. DOC 和高分子 DOC 占比

反应-运移模型中 DOC 浓度为低分子 DOC（DOC1）和高分子 DOC（DOC2）浓度之和，稳态反应-运移模型结果中各监测点 DOC 浓度模拟结果与实测结果拟合较好，DOC 分布和值域范围均接近实测结果（图 7.3）。模型结果中，DOC 主要富集在 $80\ m < X < 210\ m$ 范围内，分布区域也与盐度保持一致。浅层地下水中 DOC 浓度受海水混合的影响，接近海水中 DOC 浓度（3 mg/L），该浓度对应范围没有超过第一层含水层。淡水排泄区的 DOC 也表现出与 HCO_3^- 类似的分布特点，即在排泄区附近存在高浓度的 DOC，对应实测结果则表现为监测点 S4～S5 表层 DOC 浓度增高。考虑稳态反应-运移模型中混合带

范围较小，若能实现完整运行引入潮汐的反应-运移模型，模型结果可能会更接近实测结果。

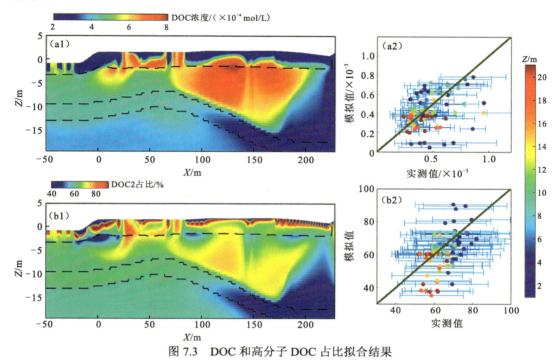

图 7.3　DOC 和高分子 DOC 占比拟合结果

（a1）和（b1）为稳态反应-运移模型 DOC 和 DOC2 占比模拟结果；（a2）和（b2）为对应监测点实测结果平均值与模拟值对比；（a2）和（b2）中点的颜色代表监测点深度，横轴方向的误差棒代表多次实测结果的标准偏差，直线代表模拟结果与实测结果的最佳拟合直线（$y=x$）；RMSE 分别为 0.000 2 mol/L 和 10.3 mol/L

本研究首次模拟了大分子 DOC（高分子量）在红树林湿地地下水中的分布占比，模拟结果与实测结果拟合良好，主要偏差在 150 m $<X<$ 220 m 的深部范围，对应实测结果中监测点 S8～S11 的深部含水层，实测结果中该范围高分子 DOC 的占比为 55%～60%，而模型中却低至 40%。初始条件下 DOC 会与硫酸盐、硝酸盐等发生反应，而 DOC1 的各类反应速率远高于 DOC2，所以使 DOC1 浓度降低较快。而 DOC2 虽然相比 DOC1 较为稳定，但是咸淡水的物理混合也会降低该范围 DOC2 的浓度。在 DOC1 和 DOC2 浓度共同降低的情况下，DOC2 占比仍然略低于实测结果，可能是模型高估了陆源小分子有机质，因为内陆垂直边界处 DOC1/DOC2（浓度比）参考有机质荧光强度设置为 1∶1，但在 $X<$230 m 附近深部地下水中 DOC1/DOC2 大于 1。这种高估的原因与对陆源溶质反应-运移过程刻画较为薄弱有关，一方面模型未考虑水平方向上有机质和微生物分布的非均质性，在内陆方向地下水硫酸盐、硝酸盐等浓度较低的情况下，DOC1 的总体浓度会相对较高，从而使更多的 DOC1 排入至深部含水层中，提高了 $X<$230 m 附近深部地下水中 DOC2 的占比。此外，相比实测结果中 DOC2 占比呈随深度逐渐减小的趋势，模型中 DOC2 占比在第一层和第二层界面上出现局部降低的情况，由于 DOC2 整体分布与盐度保持一致，浓度也随深度逐渐降低，那么导致突变的可能原因在于 DOC1 在界面处的富集，但实测结果中并未捕捉到这一现象。

3. 氨氮与硝酸盐

反应模型模拟预测的氨氮和硝酸盐含量分布如图 7.4 所示。不难发现硝酸盐的分布与 HCO_3^- 高度一致，这是因为模型中所有 DOC 参与的微生物反应中都会产生 NH_3 和 HCO_3^-，从水盐模型中的流场图可以看出第二层流速整体低于第一层流速 1~3 个数量级（图 4.9），所以 DOC 降解的产物容易在第二层富集。同时第二层的咸淡水界面处地下水流动的距离较长、流速较低，因此氨氮和 HCO_3^- 更容易在咸淡水交互区富集。然而反应模型预测氨氮浓度在 0.5 mol/L 以内，而实测结果在 1.2 mol/L 以内，模拟的氨氮浓度范围与分布和实测值存在一定偏差。实测结果的高值区主要集中在 0 m$<X<$100 m 范围的中部，位于更靠近淡水的一侧，从图 3.18 中可以看出高浓度氨氮对应的盐度较低。虽然模型同样在该范围存在氨氮的富集，但富集的深度（约为 3 m）要小于实测结果，更偏向于咸水一侧，这种偏差很可能是有机质降解区的非均质性导致的，其原因可能是在 0 m$<X<$100 m 范围靠近第二层底部有机质较为丰富，降解过程更强烈，产生了大量的氨氮和 HCO_3^-，而 HCO_3^- 可以形成多种矿物导致富集程度较弱于氨氮，当大量的氨氮进入至高渗透砂层之后会向海洋一侧继续迁移排泄，从而充满砂层含水层。此外，模拟结果与实测结果在 100 m$<X<$200 m 的范围都存在氨氮的富集，且富集浓度相等（约为 0.4 mmol/L），表明模型在该范围对氨氮的生成有较好的预测效果。

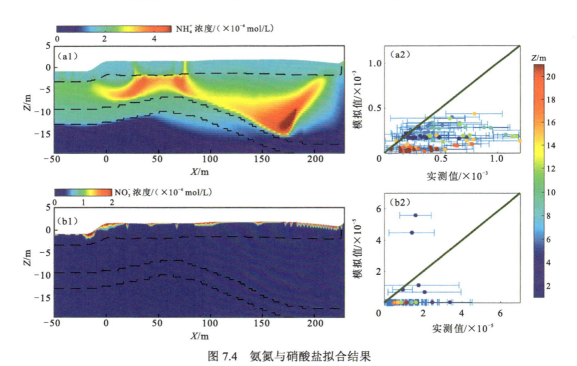

图 7.4　氨氮与硝酸盐拟合结果

（a1）和（b1）为稳态反应-运移模型 NH_4^+ 和 NO_3^- 模拟结果；（a2）和（b2）为对应监测点实测结果平均值与模拟值对比；（a2）和（b2）中点的颜色代表监测点深度，横轴方向的误差棒代表多次实测结果的标准偏差，直线代表模拟结果与实测结果的最佳拟合直线（$y=x$）；RMSE 分别为 0.000 4 mol/L 和 0.000 01 mol/L

反应-运移模型模拟结果中硝酸盐分布与模拟溶解氧分布极为相似,硝酸盐也只存在于模型表层 1 m 深度以内,实测硝酸盐浓度在含水层深部也很低,所以硝酸盐模拟结果与实测结果在分布趋势上较为接近。实测结果中深部硝酸浓度相对模拟结果较高的原因和溶解氧类似,抽水采样过程中可能存在部分氨氮和亚硝酸盐被氧化为硝酸盐,所以实测结果深部的硝酸盐在不同采样期次中浓度变化范围较大。同样在 Liu 等(2017b)关于红树林湿地的研究中硝酸盐的浓度在地表 2 m 以下就降低至 0.1 μmol/L,与反应-运移模型结果相似,表明模型结果可能更符合实际情况。

4. 硫酸盐与硫化物

稳态反应-运移模型模拟的硫酸盐分布和浓度范围整体与实测结果匹配较好,80%以上监测点硫酸盐浓度区间都落在最佳拟合直线上(图 7.5),由于稳态反应-运移模型相比动态潮汐模拟结果咸淡水交互区范围较少,部分浅部和深部的地下水硫酸盐浓度与实测值存在偏差[图 7.5(a2),对应深度 6~12 m]。此外,反应-运移模型结果与水盐模型的盐分结果类似,在 $X < 200$ m 的范围内硫酸盐集中分布在浅层,并且监测井 S1-21(对应模型 $X = 0$ m,$Z = -20$ m)的硫酸盐模拟浓度很低,但这种分布模式在水盐模型中已做解释,相比实测结果模型模拟可能更接近实际情况,因此反应-运移模拟结果与实测结果的误差也符合预期。

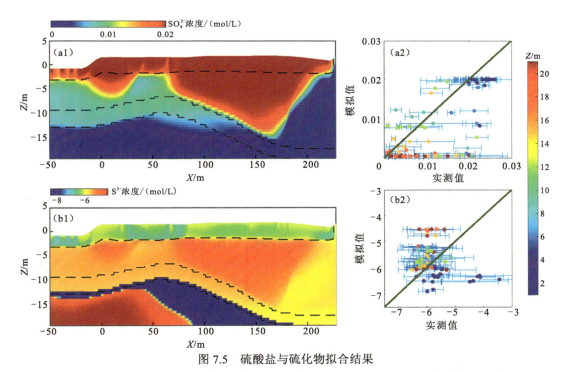

图 7.5 硫酸盐与硫化物拟合结果

(a1)和(b1)为稳态反应-运移模型 SO_4^{2-} 和 S^{2-} 模拟结果,S^{2-} 浓度取 $\log_{10}$;(a2)和(b2)为对应监测点实测结果平均值与模拟值对比;(a2)和(b2)中点的颜色代表监测点深度,误差棒代表多次实测结果的标准偏差,直线代表模拟结果与实测结果的最佳拟合直线($y = x$);RMSE 分别为 0.007 mol/L 和 1.3 mol/L

硫化物的模拟浓度范围和实测结果较为接近（约 30 µmol/L），但分布上与实测结果有一定偏差。最为明显的就是模拟结果中近海一侧深部存在高浓度的硫化物，这种结果与模型海洋一侧的边界条件设置有关。因为模型左侧为零流量边界，所以模型左下角的地下水流动会受到边界效应影响，排泄路径增长，流速也会更加缓慢，在水盐模拟中曾在初始条件中在该区域赋予地下水高盐度属性值，但模拟结果指示盐分很难从该区域随流场排泄。那么反应-运移模型中随着硫化物的生成，模型近海一侧深部的硫化物浓度就会有富集的现象,而第四层中其他区域的硫化物浓度极低是增加黄铁矿生成速率导致的。基于上述原因，为了降低第四层中硫化物的浓度，尝试将第四层中黄铁矿的比表面积（A_s）增大，最终硫化物仍然在模型左下角富集，考虑到反应-运移模型的重点并不在该区域，该预测误差在可接受范围内。实测结果中硫化物浓度在第二层中的分布趋势并不明显，多期次测量结果波动较大，但模型第二层的硫化物浓度与实测结果拟合较好［图 7.5（b2），实测浓度区间落在最佳拟合直线上］,也表明模型可以帮助进一步解释实测结果中硫化物浓度的分布趋势。模拟结果进一步验证了硫化物作为硫酸盐还原的产物，浓度高值区与硫酸盐保持一致的普遍规律。而第一层海水-地下水混合作用比较明显，硫化物浓度更接近海水浓度，所以红树林高密度区（对应模型范围 80 m<X<180 m）浅层的地下水硫酸盐浓度模拟结果远小于实测结果。通过与模型结果比对可以进一步说明该区域存在强烈的硫酸盐还原过程，即使表层地下水与海水混合作用也十分强烈，但大部分实测结果都显示表层（约 1 m）硫化物浓度相对深部高出 1～2 个数量级，所以反应-运移模型在一定程度上低估了红树林高密度区的浅层硫酸还原过程。

7.3　生源要素循环热区/热时识别及通量特征刻画

7.3.1　生源要素循环热区识别

反应-运移模型中各区域反应热区是基于动态反应-运移模型中新月-满月周期内的平均反应速率确定的，将反应热区分为异养途径反应热区和自养途径反应热区。由于 DOC2 的反应速率远小于 DOC1，所以后续分析模型中 DOC 降解反应过程均默认为 DOC1 的反应。从化学反应网络中可以看出这 5 个异养途径的微生物反应过程均与氧气有关，其中有氧呼吸和硝化过程中氧气为反应物，反硝化、铁还原和硫酸盐还原过程中氧气为抑制型溶质，因此反应热区分布中有氧呼吸和硝化过程均在模型表层（图 7.6），而表层氧气浓度较高的区域铁还原和硫酸盐反应不明显。在反硝化过程中，虽然存在氧气的抑制，但是整体反应也受到反应物硝酸盐浓度的制约，反应热区主要集中在表层。与有氧呼吸和硝化反应速率随深度增加而减少不同，反硝化反应热区的上边界受氧气浓度的制约，反应速率相对更低，反应速率垂向变化呈现先增大再减小的总体趋势。有氧呼吸、反硝化和硝化过程主要发生在模型第一层，反应热区也是地下水流速相对较快的区域，这些区域的氧气、硝酸盐和氨氮更容易迁移至更深的含水层中。与其他反应不同，铁还原和硫酸盐还原反应热区分布在模型所有层位，其中铁还原反应速率较大的区域在模型第二层，这一层中 DOC 含量高于其他层位，但是第二层中 DOC 含量最高的区域反应速率却相对较慢。主要原因是在长时间的反应过程中，DOC 浓度最高的区域地下水中铁含量在下降，最终都转变为铁矿物沉淀，因此在 DOC 浓度相对较低的区域，铁还原速率更快。硫酸盐还原过程除受氧气的抑制以外，还受到铁和硝酸盐的抑制，因此硫酸盐还原速率较快的区域在第一层和第二层交界带，并且与铁还原速率较快的区域呈现明显分界。

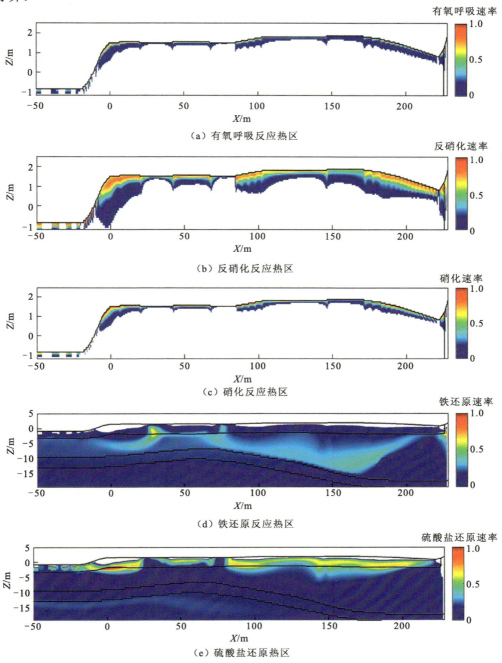

（a）有氧呼吸反应热区

（b）反硝化反应热区

（c）硝化反应热区

（d）铁还原反应热区

（e）硫酸盐还原热区

图 7.6　生源要素参与的异养途径反应热区

反应速率的分布范围为最大反应速率的 1%～100%，并且所有反应速率范围归一化至 0～1

微生物介导的化学自养途径反应包括厌氧和好氧两个方向，区别在于反应过程的电子受体分别为硝酸盐和氧气。对于铁氧化过程，无论是好氧过程还是厌氧过程，反应速率最大的区域都靠近内陆（图7.7），其原因在于地下水排泄过程中会携带更多的亚铁进入靠近内陆的咸淡水交界带，导致该区域亚铁富集。而其他区域铁的来源主要是海洋，远小于咸淡水交界带的亚铁浓度。对于硫化物氧化过程，虽然模型第二层的硫化物含量远高于第一层，但模型表层与深层中硝酸盐和溶解氧浓度相差也很大，导致硫化物氧化的热区也在表层。并且与硝化和反硝化过程类似，好氧硫化物氧化速率随深度增加而减小，厌氧硫化物氧化速率则呈现随深度增加先增大后减小的变化趋势。

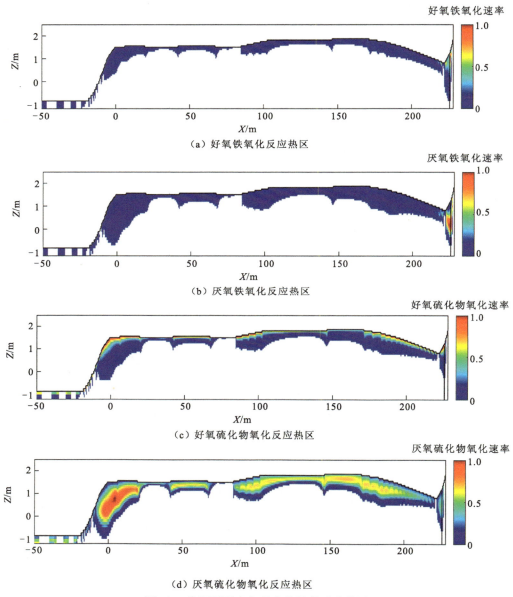

（a）好氧铁氧化反应热区

（b）厌氧铁氧化反应热区

（c）好氧硫化物氧化反应热区

（d）厌氧硫化物氧化反应热区

图 7.7　生源要素参与的自养途径反应热区

反应速率的分布范围为最大反应速率的1%～100%，并且所有反应速率范围归一化至0～1

7.3.2　生源要素循环热时识别

新月-满月周期中自养途径各反应热区的平均速率随时间变化如图 7.8 所示。可以明显看出好氧铁氧化与好氧硫化物氧化、厌氧铁氧化与厌氧硫化物氧化、有氧呼吸与硝化之间有相似的反应速率变化，表明这些反应过程中氧气和硝酸盐作为反应物起主导作用，控制了上述反应速率的变化。硫酸盐还原与铁还原反应速率的变化相反，表明铁的浓度变化主导了反应速率波动。因为硫酸盐还原过程受到铁的抑制作用，从反应速率分布图（图 7.8）中也可以看出，硫酸盐还原与铁还原反应热区中速率较高的区域完全相反。Wallace 等（2020）发现反硝化速率与硝化速率呈明显负相关，而本研究中反硝化速率变化虽然在短潮汐周期（一天）中与硝化速率变化相反，即平均反硝化速率的增加时段对应平均硝化速率的降低时段，但在新月-满月周期中硝化速率与反硝化速率的变化趋势是一致的，因为在平均潮高逐渐增大的 6～12 天中，进入含水层中的 DOC、硝酸盐、氨氮和氧气相对减少，从而使整体平均速率降低。随着潮汐波动幅度和平均潮高的增大（12～14 天），地下水排泄强度也增大，进入含水层中的溶质也相应增加，最终提高了平均反应速率。厌氧铁氧化和厌氧硫化物氧化的平均速率整体随平均潮高增加而增大，是因为上述反应过程受到氧气的抑制作用，当氧气浓度降低时，反应速率也会随之增大。虽然受到氧气抑制的反应过程还包括反硝化、铁还原和硫酸盐还原，但其他溶质的抑制作用使氧气的抑制对反应速率的影响并不明显。

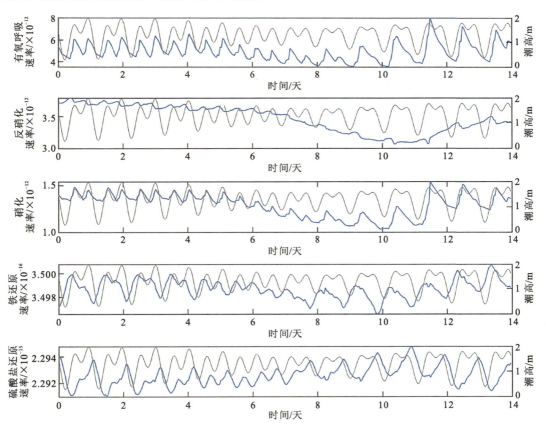

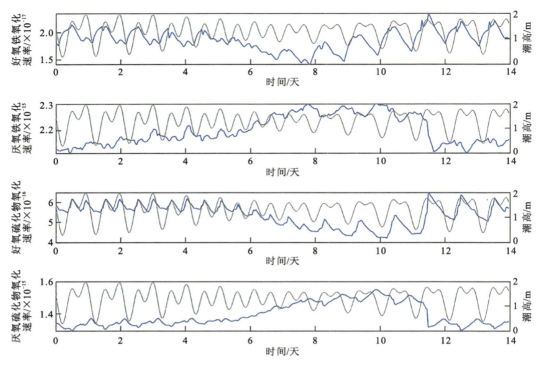

图 7.8　新月-满月周期中自养途径反应热区平均速率变化

蓝色实线为自养途径反应热区平均速率（mol/(L·s)）；灰色实线为对应的潮汐水位状态

　　通过计算不同时间反应热区面积总和得到各反应热区面积在新月-满月周期中的变化（图 7.9）。由于硫酸盐还原和铁还原反应受到多个溶质的抑制作用，整体反应热区与其他反应热区分布呈互补关系，所以在热区面积变化上与其他反应相反。铁还原和硫酸盐还原反应热区面积整体随时间先增大后减小，其他反应过程的热区面积均随时间先减小后增大。在潮汐波动相对较小时，意味着平均潮高相对较高，地下水垂向水力梯度相对更大，有助于 DOC 的垂向迁移，增加了铁还原和硫酸盐还原反应热区面积，短潮汐周期中反应热区面积随潮位降低而减小进一步验证了上述结论。此外，又因硫酸盐还原和铁还原反应热区的流速低于其他表层反应热区的流速，所以反应热区面积随潮汐水位波动的变化相对较弱。其他反应热区分布在表层，除铁氧化反应外，热区面积整体在低潮位时扩大。因为浅部的地下水排泄路径相对较短，排泄点主要在地形较低的位置，而深部的地下水大部分都排泄至两侧潮沟中，排泄路径长且流速较慢。对于浅层的局部排泄而言，落潮时带来的局部水力梯度相比涨潮略大，导致落潮时会有较多的溶解氧和硝酸盐进入深层含水层中，对应的反应热区面积也增加。尤其是氧气作为反应物的反应过程，反应热区面积相对较小，在低潮时氧气更容易迁移至更深的含水层中，由此带来更明显的反应热区面积增加。而好氧/厌氧铁氧化反应虽然在新月-满月周期上热区面积先减小后增大，但在一日的潮汐周期中，热区面积随潮位降低而减小，这可能是因为好氧铁氧化速率很慢，高潮时更有助氧气和亚铁进入至更深的含水层中。

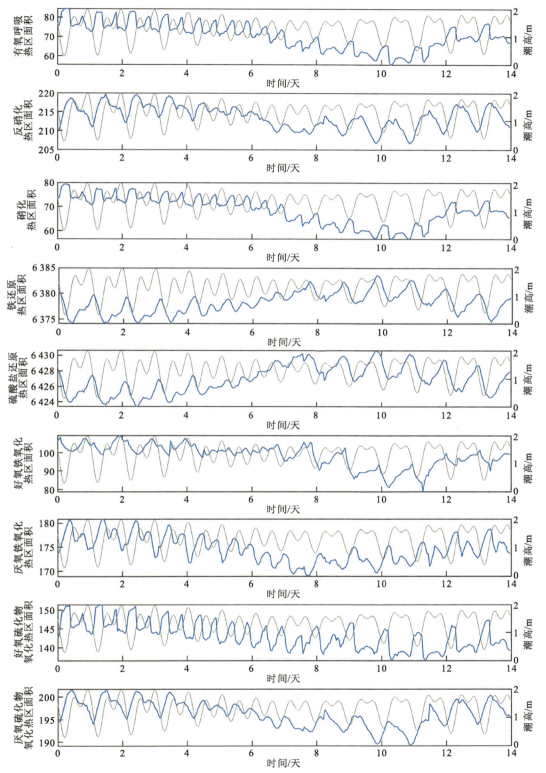

图 7.9 新月–满月周期中异养途径反应热区面积变化

蓝色实线为异养途径反应热区面积（m²）；灰色实线为对应的潮汐水位状态

通过分析 Da 指数可以进一步解释反应热区面积变化的原因（Liu et al.，2022）。Da 指数为化学反应速率与溶质迁移速率的比率，Da=1 意味着反应性溶质的供应与反应性需求是平衡的；当 Da>1 时，由于溶质传输速率的降低或反应速率的增加，溶质供应无法与反应性需求相匹配，反应-运移系统受溶质运移过程的限制。随着溶质运移速率的增加或反应速率的降低，Da 指数降低，反应性溶质供应超过了需求，系统受到反应过程的限制。本研究更关注地下水溶质在区域上的迁移-转化过程，并且各反应热区也有明显的分区特点，因此结合流场分析结果中的溶质迁移时间可以估算不同层位溶质的 Da 指数范围（溶质运移时间的倒数可作为特征长度下的溶质运移速度）。在模型第一层中（红树林植物根系范围层）地下水溶质运移时间通常在 1 000 天以内，进入第二层（粉质黏土层）后溶质运移时间在 10 000 天以上。有氧呼吸、反硝化和硝化过程的反应速率远高于其他反应过程（图 7.8），因此在反应热区范围内反应性溶质（DOC、氧气、硝酸盐和氨氮）的 Da 指数通常大于 1，表明系统受反应过程限制。当潮位降低时，地下水流速会因水力梯度增大而增大，同时反应速率也在降低，对应 Da 指数随之减小，系统则总体表现为受溶质运移速率的约束，因此在地下水流速最大的低潮时刻，溶质迁移范围最大，反应热区也相对更大。在短潮汐周期中，潮位越高平均反应速率越快，并且相较于低潮，地下水流速较慢，对应 Da 指数增大，在相同的运移路径上，溶质浓度降低得更快，反应热区范围也相对更小。

7.3.3 生源要素的循环通量

各生源要素和保守溶质 Cl^- 在海水层-海洋界面的排泄通量如图 7.10 和图 7.11 所示。受潮汐影响，图中所有溶质净通量波动幅度与潮汐振幅变化保持一致，当潮汐波动大时溶质浓度变化显著。由于模型未考虑地下水排出之后与海水的混合过程，所有溶质有相同的流入通量变化幅度，所以溶质间的净通量差别体现在流出通量的变化，变化范围主要集中在地表排泄量较大的区域，包括红树林区两侧潮沟及区内地形起伏较大的位置。其中 DOC1、NO_3^- 和 DO 都参与了反应速率相对较快的微生物反应过程，因此流出量明显变小，与之对应的是这些反应的生成物 NH_4^+ 和 HCO_3^- 的流出通量相对增大。S^{2-} 作为硫酸盐还原产物，同时也会参与黄铁矿的沉淀过程，导致流出通量相对减少。然而作为既参与黄铁矿的沉淀过程同时也是铁还原产物的 Fe^{2+}，其流出通量显著增大，原因在于硫酸盐还原热区外存在高浓度的 Fe^{2+}，结果显示随地下水排泄至近岸潮沟中，近海一侧 Fe^{2+} 流出量也较大。由于 SOM2 在持续溶解产生 DOC2，同时 DOC2 的生物地球化学行为相对保守，所以流出量也明显增大。

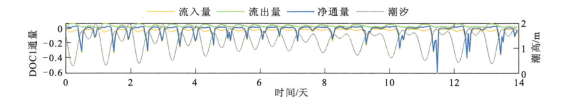

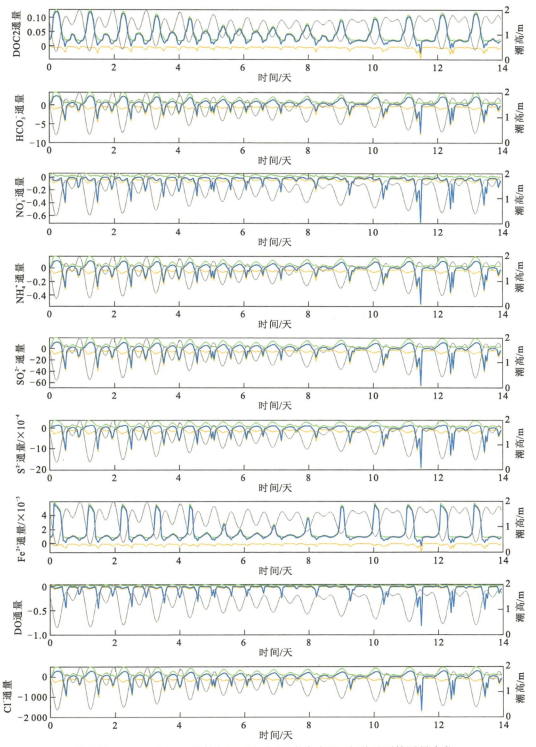

图 7.10　新月-满月周期中生源要素及 Cl⁻ 在含水层-海洋界面的通量变化

通量单位为 mol/(d·m)

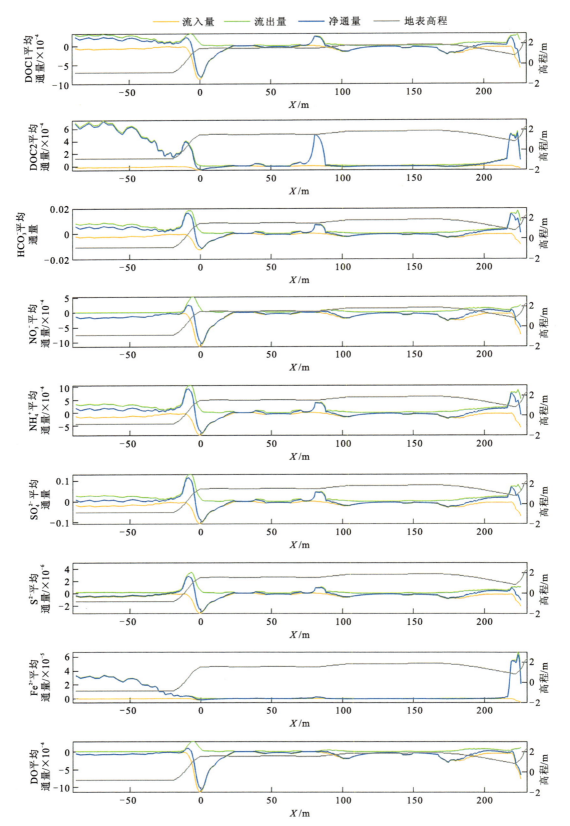

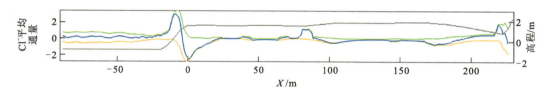

图 7.11 新月-满月周期中生源要素及 Cl⁻在含水层-海洋界面的平均通量变化

平均通量单位为 mol/(d·m)

基于模型边界物质交换量以及生物地球化学反应量,计算出新月-满月周期中各生源要素的反应-运移通量（表 7.2），通量均衡分析范围为 $X<230$ m，结果如图 7.10 所示，图中地下淡水中各生源要素通量为 $X=230$ m 剖面上地下水流速与物质量浓度的乘积。鉴于与高分子 DOC 相关的微生物反应速率极小，通量均衡计算中忽略高分子 DOC 参与生物地球化学过程。从统计结果（表 7.2）中可以看出进入红树林湿地含水层的低分子 DOC 主要来自海洋和沉积有机质降解，分别占 52.0%和 44.8%，其余 3.2%来自陆源地下水输入。若忽略剖面上 DOC 的空间变化，结合剖面红树林区长度（220 m）和东寨港红树林湿地面积（1 750 ha），可以估算出东寨港红树林湿地 DOC 产量为 $2.37×10^6$ mol/a，其中低分子 DOC 占 57.2%。这些低分子 DOC 中，有 71.2%参与至各类微生物反应，反应速率相对较快的反硝化过程和有氧呼吸过程分别消耗了 50.2%和 48.0%的低分子 DOC，2.8%的低分子 DOC 参与硫酸盐还原过程，只有极少一部分（0.2 mmol/(d·m)）参与铁还原过程。低分子 DOC 的降解产生了 148.3 mmol/(d·m) HCO_3^-和 7.4 mmol/(d·m) NH_4^+，占红树林湿地含水层 HCO_3^-和 NH_4^+流出量的 12.2%和 11.1%。流出的 HCO_3^-除了来自内陆方向地下水和微生物反应，还有 1%来源于沉积环境中贝壳碎屑（$CaCO_3$）的溶解。

表 7.2 新月-满月周期生源要素反应运移平均变化量

生源要素	海洋边界流量 /[mmol/(d·m)]		反应消耗量 /[mmol/(d·m)]		反应生成量 /[mmol/(d·m)]	
	流出量	流入量	矿物沉淀	微生物反应	矿物溶解	微生物反应
NH_4^+	66.4	63.7	0	8.7	0	7.8
NO_3^-	34.7	85.2	0	59.6	0	8.7
N_2	36	0.1	0	0	0	29.8
SO_4^{2-}	7 555	7 781	0.2	1.3	0	<0.1
S^{2-}	0.1	0.2	1.2	<0.1	0	1.3
低分子 DOC	30	54.2	0	74.2	46.7	0
HCO_3^-	1 220	920	0	0	11.2	148.3
Fe^{2+}	1.7	0.2	0.7	<0.1	0.5	0.2

对于从海洋边界流入的 NH_4^+，硝化过程只消耗了 8.7 mmol/(d·m)，最终海洋边界上 NH_4^+流出量（66.4 mmol/(d·m)）与流入量（63.7 mmol/(d·m)）接近，表明红树林湿地对氨氮的去除较为有限（图 7.12）。研究区红树林湿地硝酸盐的去除率（海洋边界处硝酸

盐净通量比硝酸盐的流入量）高达 59.3%，去除的硝酸盐中海水为主要来源（84.1%），14.5%为硝化过程产物，剩余 1.4%来自内陆方向地下水，也表明红树林湿地对地表水体硝酸盐有很强的净化作用。忽略含水层中硝化作用产生的硝酸盐，同样可以估算得到东寨港红树林湿地每年去除地表水体硝酸盐的总量为 1.24×10^6 mol。生源要素中硫酸盐在海洋边界的流入量（7 781 mmol/(d·m)）和流出量（7 555 mmol/(d·m)）相对较大，但参与硫酸盐还原过程的只有 1.3 mmol/(d·m)。由于反应-运移模型低估了浅层硫酸盐还原过程，所以实际被还原的硫酸盐通量要高于模拟值。Fe^{2+}在均衡区海洋边界和陆向边界处的通量已经平衡，并且铁还原热区位置较硫酸盐还原热区更深，Fe^{2+}在地下水排泄过程中可以充分与硫化物和硝酸盐反应，因此铁还原过程中产生的 Fe^{2+} 可能全部参与黄铁矿生成过程。其他硫化物氧化和铁氧化过程反应并不明显，反应通量均小于 0.1 mmol/(d·m)。

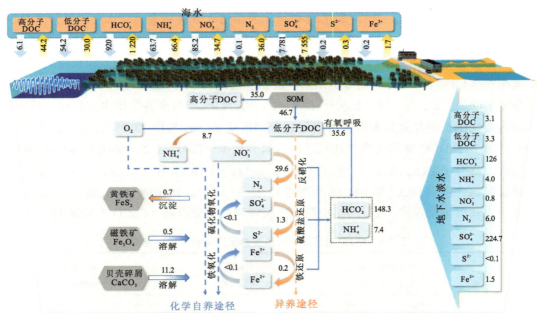

图 7.12　红树林湿地含水层生源要素主要反应-运移过程

数字代表新月-满月周期各反应-运移过程平均通量，单位为 mmol/(d·m)

7.4　养殖活动和红树林表层渗透性对生源要素迁移转化的影响

将案例 RTM 中微生物反应热区面积、平均速率及生源要素在海洋边界的通量与基准模型做对比，计算结果如图 7.13 所示。当红树林湿地地表水体与富含高浓度 DOC、氨氮和硝酸盐的海水养殖废水混合后（案例 RTM-1），增大了海洋边界上对应溶质的相对流入量[图 7.13（c）]，使得各反应热区的相对平均反应速率明显增大[图 7.13（b）]。由此消耗了更多的溶解氧和硝酸盐，促使地下水氧气和硝酸盐浓度在垂向上急剧降低，有氧呼吸、硝化、反硝化、好氧/厌氧铁氧化及好氧/厌氧硫氧化反应热区面积明显小于基准 RTM。与之相反，铁还原和硫酸盐还原反应热区面积相应增大，由于基准 RTM 中这两类反应的反应热区面积较大，所以案例 RTM-1 和案例 RTM-2 的反应热区面积变化幅度相对较小。海洋边界上流出的低分子 DOC、氨氮和硫化物相对基准模型明显增多，而硝酸盐的流出量仍然小于流入量，根据基准模型硝酸盐的去除率可以计算得到案例 RTM-1 的硝酸盐去除率达 83%。当内陆地下水水位因海水养殖抽水下降时（案例 RTM-2），陆海间的水力梯度减小，海洋边界上各生源要素的流入量和流出量相对降低。有氧呼吸、反硝化和硝化过程的相对反应热区面积和平均反应速率变化并不明显，硫酸盐还原和铁还原速率相比基准 RTM 增大了 10%，导致对应反应产物浓度也随之增大，但由于基准 RTM 中氨氮的净通量相对较小，所以最终净通量变化较为明显。与养殖有关的案例模型结果表明当地表水体被富含 DOC、氨氮和硝酸盐的养殖废水污染时，虽然红树林湿地对硝酸盐有明显的去除作用，但红树林湿地地下水向地表水排泄的 DOC 和氨氮量会显著增大。

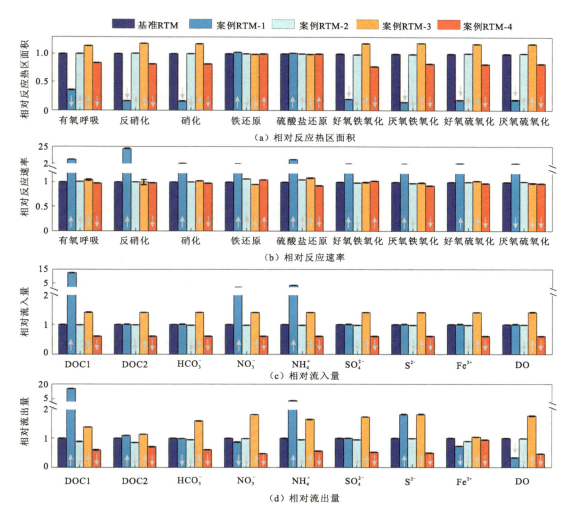

（a）相对反应热区面积

（b）相对反应速率

（c）相对流入量

（d）相对流出量

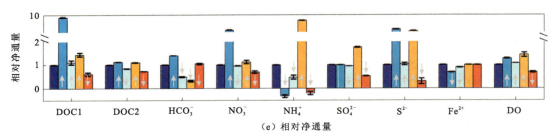

图 7.13　基准和案例 RTM 中微生物反应热区面积、平均速率及生源要素在海洋边界的通量

所有数据均为基准 RTM 数据的相对值；上下箭头表示相对基准 RTM 增大或减小

当红树林植物根系区（第一层模型）的垂向渗透系数增加（案例 RTM-3）时，海水与地下水的交换量增加导致海洋边界上各生源要素的通量显著增加，表层模型中的反应热区面积也随之增大。案例 RTM-3 中，反应热区的平均反应速率变化不明显，主要是因为表层地下水流速的增加不会显著提高地下水溶质浓度，而仅提高了溶质的迁移速度。反应热区面积的增大有助于硝酸盐的降解，相比基准 RTM 硝酸盐净通量增加了 11%，硝酸盐去除率降至 47%，这表明红树林湿地表层渗透性的增强对区域地表水体中的硝酸盐的去除有一定帮助，但去除效率会随之降低。案例 RTM-4 模拟了表层垂向渗透系数降低的情况，与案例 RTM-3 的结果相反，海洋边界上物质交换量随垂向渗透系数降低而减小，各反应热区面积也相应变小，热区的平均反应速率降低不明显。案例 RTM-4 中硝酸盐的去除量相比基准 RTM 减少了 30%，去除率增大至 68%，表明红树林湿地垂向渗透系数的减小不利于地表水体硝酸盐总量的去除，但去除效率显著提高。由于红树林湿地表层渗透性与红树植物根系发达程度和底栖生物数量有密切关系，所以以维持良好的红树林生长环境有利于地表水体中硝酸盐的去除。

7.5　本章小结

本章在基础水盐运移模型的基础上，引入与生源要素（C、N、S）有关的主要生物地球化学反应，以野外实测水化学数据为约束条件，建立与监测剖面咸淡水交互过程等效的生源要素反应-运移模型，量化了各生源要素的迁移转化通量，识别了对应反应热区与热时。研究结果如下。

反应-运移模型在 C、N、S 的迁移转化过程刻画方面表现良好，模型结果证明了咸淡水交互过程地下水排泄和各生物地球化学反应会导致 NH_4^+ 和 HCO_3^- 在咸淡水交互区富集，而沉积物中铁含量的增加也可能是地下水中铁富集导致的。有氧呼吸、反硝化、硝化和厌氧/好氧硫化物氧化过程均主要发生在淤泥黏土层，反应热区与地下水流速相对较大的区域一致。硫酸盐还原反应区分布在所有层位，其中铁还原反应热区主要位于粉质黏土层，硫酸盐还原热区位于淤泥黏土层和粉质黏土层交界带。氧气和硝酸盐是控制氧化和硝化反应速率变化的主导因素。硫化物氧化的速率随着平均潮高的增大而增加，反硝化速率的变化与硝化速率的变化在不同时间尺度上存在差异，地下水流速与反应速率的关系决定了反应热区的面积变化。

进入红树林湿地含水层的低分子 DOC 主要来自海洋和沉积有机质降解，分别占52.0%和44.8%，其余3.2%来自内陆地下水输入。进入湿地的低分子 DOC 中有71.2%参与各类微生物反应，反应速率相对较大的反硝化过程和有氧呼吸过程分别消耗了50.2%和48.0%。估算东寨港红树林湿地每年 DOC 产量为 2.37×10^6 mol，去除地表水体硝酸盐的总量为 1.24×10^6 mol。当地表水体被富含 DOC、氨氮和硝酸盐的养殖废水污染时，红树林湿地仍然能够保持高的硝酸盐去除率，但可能会增加 DOC 和氨氮排泄量。红树林植物根系和底栖生物洞穴带来的垂向高渗透性，有利于地表水体中硝酸盐的去除。

第 8 章

红树林湿地生态保护及修复对策

海南东寨港国家级自然保护区于 1980 年 1 月经广东省人民政府批准建立，1986 年经国务院批准为国家级自然保护区，是我国建立的第一个红树林湿地自然保护区，为我国首批列入《国际重要湿地名录》的 7 个湿地保护区之一，2006 年被国家林业局评为示范保护区。东寨港红树林保护区是我国最重要的红树林区域之一，面积广阔、种类繁多，其生态价值和经济价值显著。在生态保护层面，东寨港红树林保护区为多种动植物提供了栖息地和繁殖场所，有助于维护生物多样性和保护濒危物种，且具有过滤和净化水质的功能（李庆芳 等，2006）。同时，作为重要的碳汇，红树林通过光合作用吸收大量二氧化碳，对缓解气候变化起到积极作用（张莉 等，2013）。此外，其根系可以稳固土壤，防止海岸侵蚀，并在极端气候背景下（如风暴潮、洪水）为减少自然灾害对内陆地区的影响起到缓冲作用（王友绍，2021）。在经济社会层面，红树林湿地保护了渔业资源，促进渔业可持续发展（张乔民和隋淑珍，2001），并为生态旅游提供了丰富的资源，推动当地经济发展。因此，红树林湿地具有显著的生态价值和经济价值，开展红树林湿地的生态保护与修复对于生态文明建设和支撑区域经济发展具有重要意义。

基于前文对海南东寨港红树林湿地咸淡水交互过程及生源要素循环的系统研究和认识，本章首先建立基于压力-状态-响应（pressure-state-response，PSR）模型的红树林湿地健康评价模型，评价红树林生态系统的健康状况，对核心保护区进行空间定位和区划；其次，系统总结现有红树林保护措施的效果及不足，进一步以"保护红树林湿地生态系统的连通性和完整性"为原则，从工程措施、政策公益、法律法规等方面提出红树林湿地系统退化及敏感区域的生态环境综合治理与修复对策，以期进一步加强红树林湿地的保护与修复，为海岸带生态保护与可持续发展提供重要支撑，促进人与自然的和谐共生，实现可持续发展。

8.1 基于 PSR 模型的红树林湿地健康评价

8.1.1 PSR 模型的建立

PSR 模型最初由加拿大科学家 Tony Friend 和 David Rappotr 提出，用于分析环境压力、现状与响应之间的关系（Das et al.，2020；Wang et al.，2019）。20 世纪 70 年代，

经济合作与发展组织（Organization for Economic Co-operation and Development，OECD）对其进行了修改并用于环境报告；20 世纪 80 年代末 90 年代初，OECD 在进行环境指标研究时对 PSR 模型进行了适用性和有效性评价。该模型从社会经济与环境有机统一的观点出发，精确地反映了生态系统健康的自然、经济、社会因素之间的关系，为生态系统健康指标构建提供了一种逻辑基础，因而被广泛承认和使用（Huang et al.，2011；周炳中 等，2002）。

这一框架模型具有非常清晰的因果关系，即人类活动对环境施加了一定的压力，导致环境状态发生了一定的变化；而人类社会应当对环境的变化做出反应，以恢复环境质量或防止环境退化（Gao et al.，2023；Lu et al.，2022 ）。PSR 模型使用"原因-效应-响应"这一思维逻辑，体现了人类与环境之间的相互作用关系。人类通过各种活动从自然环境中获取其生存与发展所必需的资源，同时又向环境排放废弃物，从而改变了自然资源储量与环境质量；而自然和环境状态的变化又反过来影响人类的社会经济活动和福利，进而社会通过环境政策、经济政策和部门政策，以及通过意识和行为的变化而对环境变化做出反应（Zhang and Huang，2024；Xu et al.，2023；Wang et al.，2021）。如此循环往复，构成了人类与环境之间的压力-状态-响应关系（图 8.1）。

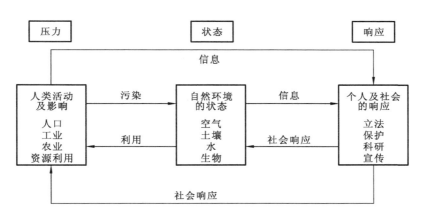

图 8.1　压力-状态-响应（PSR）框架模型

该模型分为三大类指标，即压力指标、状态指标和响应指标，其结构如图 8.1 所示。压力指标包括对环境问题起着驱动作用的间接压力（如人类的活动倾向），也包括直接压力（如资源利用、污染物质排放）。这类指标主要描述了自然过程或人类活动给环境带来的影响与胁迫，其产生与人类的消费模式有紧密关系，能够反映某一特定时期资源的利用强度及其变化趋势。状态指标主要包括生态系统与自然环境现状、人类的生活质量与健康状况等。它反映了环境要素的变化，同时也体现了环境政策的最终目标，指标选择主要考虑环境或生态系统的生物、物理化学特征及生态功能。响应指标指社会和个人如何行动来减轻、阻止、恢复和预防人类活动对环境的负面影响，以及对已经发生的不利于人类生存发展的生态环境变化进行补救的措施，如教育法规、市场机制和技术变革等（Li et al.，2024，2020）。

由于 PSR 模型比较科学地阐明人口、资源、环境之间的关系，同时很好地回答了"发生了什么、为什么发生、我们将如何做"3 个可持续发展的基本问题，广泛地应用于区域环境可持续发展指标体系研究，水资源、土地资源指标体系研究，生态系统健康评价，农业可持续发展评价指标体系研究，以及环境评价中的各个领域，成为资源环境评价中一种最常用、最有效的模型（Wang et al.，2024；周炳中 等，2002）。

为建立红树林生态系统评价指标体系，全面真实衡量红树林生态系统的健康情况，评价指标的选取必须具有系统性和代表性，以便能够综合地反映红树林生态系统健康的各种因素。针对红树林生态系统的特点，评价指标体系的设置应当依据如下几个原则。

（1）整体性原则：红树林生态系统是由生物、非生物的各种成分组成的不可分割的整体，指标体系的建立不仅要考虑各个成分的特有要素，还应当包括能体现生态系统整体特征的指标。

（2）可操作性原则：评价指标体系在设置上应当结合当地的实际情况考虑指标的现实性和易获取程度，尽量选取易获得的，能够反映系统某些关键性特征并能预测系统发展趋势的指标。

（3）层次性原则：红树林生态系统是一个复合的多元的生态系统，生态要素众多，指标体系应从简单到复杂层层剖析，分清层次，以便能清晰、有条理地体现出生态系统的状况。

（4）动态性原则：评价指标体系要能反映一定时空尺度的生态系统状况，其选择要充分考虑生态系统动态变化的特点，以期更好地对生态系统的历史、现状和未来变化趋势做准确的描述。

根据红树林生态系统健康评价体系的构建原则，从压力、状态、响应 3 个方面选取能切实反映红树林生态系统健康状况的指标，评价指标体系归纳为如下 4 点。

（1）目标层：以红树林生态系统综合健康状况作为总目标层。

（2）项目层：包括反映红树林生态系统综合健康状况的压力、状态、响应 3 个主要方面。

（3）要素层：由构成压力、状态、响应项目层的各个要素组成。

（4）指标层：由反映各个要素状况并可直接度量的具体评价指标构成。

各层次间的结构、指标数据来源代表、含义及权重如表 8.1 所示，具体权重确定在后文讨论。

表 8.1　红树林生态系统健康评价体系

目标层（O）	项目层（A）	要素层（B）	指标层（C）	权重（W_C）
红树林生态系统综合健康状况（O）	压力（A_1）	经济发展水平（B_1）	人口密度（C_1）	0.015 0
			人均 GDP（C_2）	0.044 9
		土地利用状况（B_2）	耕地面积（C_3）	0.059 8
			养殖面积（C_4）	0.112 0
		环境污染程度（B_3）	环境重金属分布（C_5）	0.224 4
			环境有机污染分布（C_6）	0.074 8

目标层（O）	项目层（A）	要素层（B）	指标层（C）	权重（W_C）
红树林生态系统综合健康状况（O）	状态（A_2）	红树林生长状况（B_4）	红树林覆盖度（C_7）	0.096 2
		红树林其他生物状况（B_5）	生物种类（C_8）	0.096 2
		区域气象状况（B_6）	年均气温（C_9）	0.016 0
			年均降水量（C_{10}）	0.016 0
		红树林土壤状况（B_7）	土壤盐度（C_{11}）	0.064 2
			土壤 pH（C_{12}）	0.048 1
			土壤营养元素（C_{13}）	0.048 1
	响应（A_3）	社会情况（B_8）	大众环保意识（C_{14}）	0.009 6
			治理政策（C_{15}）	0.004 8
			环保宣传教育（C_{16}）	0.004 8
		保护区情况（B_9）	保护区功能分区（C_{17}）	0.057 7

8.1.2　健康评价指标权重的确定

1. 层次分析法基本原理

层次分析法（analytic hierarchy process，AHP）是由美国著名运筹学家，匹兹堡大学 Saaty 教授于 20 世纪 80 年代初期提出的一种简便、灵活而又实用的多准则决策方法。其主要特征是：合理地将定性与定量的决策结合起来，按照思维、心理的规律把决策过程层次化、数量化（Ying et al.，2007；Anselin et al.，1989）。该方法以其定性与定量相结合地处理各种决策因素的特点，以及其系统灵活简洁的优点，迅速地在社会经济各个领域内，如能源系统分析、城市规划、经济管理、科研评价等，得到了广泛的重视和应用（Hu et al.，2021；Song et al.，2010 ）。

运用 AHP 进行决策时，需要经历以下 5 个步骤。

（1）建立系统的递阶层次结构。建立的系统递阶层次结构与 PSR 模型所构建的指标体系结构相同。

（2）构造两两比较判断矩阵（正互反矩阵）。层次结构反映了因素之间的关系，但准则层中的各准则在目标衡量中所占的比例并不一定相同。为比较 n 个因子 $X = \{x_1, \cdots, x_n\}$ 对某因素 Z 的影响大小，可以采取对因子进行两两比较建立成对比较判断矩阵的办法，即每次取两个因子 x_i 和 x_j，以 a_{ij} 表示 x_i 和 x_j 对 Z 的影响大小之比，全部比较结果用矩阵 $A = (a_i)_{n \times n}$ 表示，称 A 为 X-Z 之间的成对比较判断矩阵（简称判断矩阵）。容易看出，若 x_i 与 x_j 对 Z 的影响之比为 a_n，则 x_j 与 x_i 对 Z 的影响之比应为 $\dfrac{1}{a_n}$。

（3）确定判断矩阵的元素值。关于如何确定 a_n 的值，Saaty 和 Tran（2007）建议引用数字 1~9 及其倒数作为标度。表 8.2 列出了 1~9 标度的含义。

表 8.2　标度的含义

标度	含义
1	表示两个因素相比，具有相同重要性
3	表示两个因素相比，前者比后者稍重要
5	表示两个因素相比，前者比后者明显重要
7	表示两个因素相比，前者比后者强烈重要
9	表示两个因素相比，前者比后者极端重要
2、4、6、8	表示上述相邻判断的中间值
倒数	若因素 i 与因素 j 的重要性之比为 a_{ij}，那么因素 j 对因素 i 的重要性之比 $a_{ji} = \dfrac{1}{a_{ij}}$

从心理学观点来看，分级太多会超越人们的判断能力，既增加了判断的难度，又容易因此而提供虚假数据。根据在各种不同标度下人们判断结果正确性比较的实验结果，采用 1~9 标度最为合适（Saaty and Tran，2007）。

（4）针对某一个标准，计算各备选指标的权重。针对各指标对上一层元素的重要性，两两指标进行比较得出的值，构建出正互反矩阵 $\boldsymbol{A}$。求出特征向量 $\boldsymbol{W}$ 作为各指标的权重及最大特征值 $\lambda_{\max}$。

（5）进行一致性检验。对判断矩阵的一致性检验的步骤如下。

① 计算一致性指标 CI：

$$CI = \frac{\lambda_{\max} - n}{n - 1} \tag{8.1}$$

② 查找相应的平均随机一致性指标 RI。对 $n = 1, 2, \cdots, 9$，Saaty 给出了 RI 的值，如表 8.3 所示。

表 8.3　RI 值对照表

n	1	2	3	4	5	6	7	8	9
RI	0	0	0.58	0.9	1.12	1.24	1.32	1.41	1.45

RI 采用随机方法构造 500 个样本矩阵，随机地从 1~9 及其倒数中抽取数字构造正互反矩阵，求得最大特征根的平均值 $\lambda'_{\max}$ 并定义为

$$RI = \frac{\lambda'_{\max} - n}{n - 1} \tag{8.2}$$

计算一致性比例 CR 如下：

$$CR = \frac{CI}{RI} \tag{8.3}$$

当 CR<0.10 时，认为判断矩阵的一致性是可以接受的，相反则应对判断矩阵做适当修正。

计算当前一层元素关于总目标的权重，并做层次总排序的一致性检验。采用同样方法求出上一层元素的权重，然后通过各个层次的权重相乘求出单个指标相对于总目标层的权重。对层次总排序也需做一致性检验，检验仍像层次总排序一样从高层到低层逐层进行。虽然各层次均已经通过层次单排序的一致性检验，各成对比较判断矩阵都已具有较为满意的一致性。但当综合考察时，各层次的非一致性仍有可能积累起来，导致最终分析结果出现较严重的非一致性。

设 B 层中与 A_j 相关的因素的成对比较判断矩阵在单排序中经一致性检验，求得单排序一致性指标为 $\mathrm{CI}(j)$ $(j=1,2,\cdots,m)$ 相应的平均随机一致性指标为 $\mathrm{RI}(j)$，其中 $\mathrm{CI}(j)$、$\mathrm{RI}(j)$ 已在层次单排序时求得，则 B 层总排序随机一致性比例计算公式如下：

$$\mathrm{CR} = \frac{\sum_{j=1}^{m} \mathrm{CI}(j)a_j}{\sum_{j=1}^{m} \mathrm{RI}(j)a_j} \tag{8.4}$$

当 CR<0.10 时，认为层次总排序结果较满意，并可接受该分析结果。

2. 指标权重的确定

根据层次分析法和表 8.1 所构建的红树林生态系统健康评价体系分层作出判断矩阵，以确定各层级要素的权重 W，首先对项目层（A）权重进行判断（表 8.4），根据已有资料及本次调查结果，东寨港红树林生态系统存在一定程度的退化，系统本身稳定性较差，所以压力要素和状态要素权重更大。压力要素包含的经济指标和污染指标等对红树林健康情况的影响较状态要素内各指标更为直接，压力要素较状态要素稍显重要，项目层 A 对目标层判断矩阵见表 8.4。随机一致性验证如下：

$$\mathrm{CI} = \frac{\lambda_{\max} - n}{n-1} = 0$$

$$\mathrm{RI} = 0.58, \quad \mathrm{CR} = \frac{\mathrm{CI}}{\mathrm{RI}} = 0 < 0.10$$

表 8.4　A 级权重矩阵

O	A_1	A_2	A_3	W_A
压力 A_1	1	1.4	7	0.538 5
状态 A_2	0.714	1	5	0.384 6
响应 A_3	0.143	0.2	1	0.076 9

继续对比压力要素（$A1$）（表 8.5）及各要素权重（表 8.6～表 8.8），环境污染程度直接影响红树林生长发育情况，显然较其他两项更为重要，而由第 2 章结合遥感解译结果得到的土地利用动态变迁情况可知，人类活动（红树林区域转为养殖池塘和耕地）直接导致红树林景观破碎，加速红树林生态恶化，其中水产养殖规模巨大，影响更为显著，故具有明显的重要性。其随机一致性验证如下：

$$\mathrm{CI} = \frac{\lambda_{\max} - n}{n-1} = 0$$

$$RI = 0.58, \quad CR = \frac{CI}{RI} = 0 < 0.10$$

表 8.5 A_1 级权重矩阵

A_1	B_1	B_2	B_3	W_B（较 A_1）
经济发展水平（B_1）	1	0.33	0.2	0.11
土地利用状况（B_2）	3	1	0.6	0.33
环境污染程度（B_3）	5	1.67	1	0.56

表 8.6 B_1 级权重矩阵

B_1	C_1	C_2	W_C（较 B_1）
人口密度（C_1）	1	0.33	0.25
人均 GDP（C_2）	3	1	0.75

表 8.7 B_2 级权重矩阵

B_2	C_3	C_4	W_C（较 B_2）
耕地面积（C_3）	1	0.50	0.33
养殖面积（C_4）	2	1	0.67

表 8.8 B_3 级权重矩阵

B_3	C_5	C_6	W_C（较 B_3）
环境重金属分布（C_5）	1	3	0.75
环境有机污染分布（C_6）	0.33	1	0.25

对状态要素（A_2）（表 8.9）及各要素权重进行分析（表 8.10、表 8.11）。首先土壤作为红树林生长的直接载体，其理化性质等指标直接影响红树林生长情况，其中最主要指标为土壤盐度，因为红树植物依靠其耐盐性成为潮间带区域的优势物种，其他指标对表征红树林生态系统健康程度贡献较小。随机一致性验证如下：

$$CI = \frac{\lambda_{max} - n}{n - 1} = 0$$

$$RI = 0.90, \quad CR = \frac{CI}{RI} = 0 < 0.10$$

表 8.9 A_2 级权重矩阵

A_2	B_4	B_5	B_6	B_7	W_B（较 A_2）
红树林生长状况（B_4）	1	1	3	0.6	0.25
红树林其他生物状况（B_5）	1	1	3	0.6	0.25
区域气象状况（B_6）	0.33	0.33	1	0.2	0.083 3
红树林土壤状况（B_7）	1.67	1.67	5	1	0.416 7

表 8.10　B_6 级权重矩阵

B_6	C_9	C_{10}	W_C（较 B_6）
年均气温（C_9）	1	1	0.5
年均降水量（C_{10}）	1	1	0.5

表 8.11　B_7 级权重矩阵

B_7	C_{11}	C_{12}	C_{13}	W_C（较 B_7）
土壤盐度（C_{11}）	1	1.333	1.333	0.4
土壤 pH（C_{12}）	0.75	1	1	0.3
土壤营养元素（C_{13}）	0.75	1	1	0.3

对响应要素（A_3）（表 8.12）及各要素权重进行分析（表 8.13），其中保护区情况以功能划分为主要指标，以红树林分布情况将保护区划分为核心区、试验区、缓冲区等多个功能范围，在试验区开展监测实验，对核心区进行严格保护，进一步明确红树林周边地区产业红线，这一分区指标显然较社会情况指标更为重要。随机一致性验证如下：

$$\text{CI} = \frac{\lambda_{\max} - n}{n - 1} = 0$$
$$\text{RI} = 0, \quad \text{CR} = 0 < 0.10$$

表 8.12　A_3 级权重矩阵

A_3	B_8	B_9	W_B（较 A_3）
社会情况（B_8）	1	0.33	0.25
保护区情况（B_9）	3	1	0.75

表 8.13　B_8 级权重矩阵

B_8	C_{14}	C_{13}	C_{14}	W_C（较 B_8）
大众环保意识（C_{14}）	1	2	2	0.50
治理政策（C_{15}）	0.5	1	1	0.25
环保宣传教育（C_{16}）	0.5	1	1	0.25

8.1.3　评价指标原始数据的获取

红树林生态系统健康评价体系的指标体系复杂多样，分为经济指标、生物指标、化学指标、水文气候指标及其他各种指标等，指标的来源主要分为 3 个方面。

1. 历史资料查询

与压力相关的各种社会经济指标可以通过政府官方网站及政府公布的《政府工作报

告》查询，如研究区 4 个红树林区域周边地区人口密度、人均 GDP；气象环境指标可通过气象部门和环保部门网站提供的数据获取；与自然保护区相关的各项指标可通过自然保护区官方网站及保护区的历史资料获取；其他相关指标数据及标准通过查阅文献获得。

2．红树林实地调查

与红树林相关的各项生物、环境等指标通过红树林生态调查获取相关原始数据。红树林生态调查标准参照国家海洋局行业监测规范《红树林生态监测技术规程》（HY/T 081—2005）。土地利用状况和红树林生长情况通过遥感数据解译获得。

3．红树林社会调查与专家咨询

大众环保意识及大众文化素质指标可在红树林生态调查同期对周边居民进行问卷调查获得。环境污染等级通过咨询相关专家对各红树林周边污染状况进行分等级的量化处理。

8.1.4　评价指标原始数据的归一化处理

进行红树林生态系统健康评价还要对各个不同评价指标的原始数据进行归一化处理，以消除量纲的差异。采用的归一化方法分为 3 种。

正向指标是指当指标值越高表明生态系统越健康的一类指标，如红树林覆盖度等指标，其归一化值用以下公式计算：

$$N = (n - n_{\min}) / (n_{\max} - n_{\min}) \tag{8.5}$$

逆向指标是指当指标值越低表明生态系统越健康的一类指标，如人口数量、环境污染程度等指标，此时归一化值用以下公式计算。其中重金属指标等采取风险贡献因子获得总浓度后进行归一化计算：

$$N = (n - n_{\max}) / (n_{\min} - n_{\max}) \tag{8.6}$$

适度指标是指存在一个临界阈值的一类指标，如环境相关的各项指标、气候相关指标等，此时归一化值用以下公式计算：

$$N = |n - n_{\mathrm{mid}}| / (n_{\max} - n_{\min}) \tag{8.7}$$

式中：n 为原始值；$n_{\min}$ 为所有原始值中的最小值；$n_{\max}$ 为所有原始值中的最大值；n_{mid} 为临界阈值。表 8.14、表 8.15 为部分指标数据及归一化结果。

表 8.14　部分指标统计结果

红树林分区	红树林面积 /km²	人口数量 /人	人口密度 /(人/km²)	人均 GDP /元	耕地面积 /km²	养殖面积 /km²	年均气温 /℃	年均降水量 /mm
演丰西河	8.31	5 851	704	8 633	4.15	2.06	23.5	1 816
演丰东河	1.71	4 492	2 627	8 890	2.18	3.02	23.5	1 816
三江河	5.59	4 042	723	8 460	1.05	4.46	23.5	1 816
演州河	3.64	2 600	714	8 021	4.67	4.67	23.5	1 816

表 8.15 部分指标归一化处理后结果

红树林分区	人口密度	人均 GDP	耕地面积	养殖面积	年均气温	年均降水量	大众环保意识	治理政策	环保宣传教育
演丰西河	1	0.30	0.72	1	0.8	0.8	0.5	1	0.5
演丰东河	0	0	0.01	0	0.8	0.8	1	0	1
三江河	0.99	0.50	1	0.64	0.8	0.8	0.7	0.7	0.8
演州河	0.99	1	0	0.32	0.8	0.8	0	0.2	0

8.1.5 评价结果及分析

综合健康指数（comprehensive health index，CHI）反映整个红树林生态系统的健康状况，根据综合健康指数的分级数值范围确定红树林生态系统健康的等级。红树林生态系统的综合健康指数的确定可根据以下公式计算：

$$CHI = CPI + CSI + CRI \tag{8.8}$$

式中：CPI 为综合压力指数（comprehensive pressure index）；CSI 为综合状态指数（comprehensive state index）；CRI 为综合响应指数（comprehensive response index）。

综合压力指数反映整个红树林生态系统的压力状况，可根据以下公式计算：

$$CPI = 100 \cdot \sum_{i=1}^{n} W_j \cdot N_j \tag{8.9}$$

式中：n 为与压力相关的评价指标的个数；N_j 为相对应的与压力相关的第 j 种指标的数据归一化值，$0 \leq N_j \leq 1$；W_j 为指标 j 的权重，通过层次分析法求得。

综合状态指数反映整个红树林生态系统的状态状况，可根据以下公式计算：

$$CSI = 100 \cdot \sum_{i=1}^{n} W_i \cdot N_i \tag{8.10}$$

式中：n 为与状态相关的评价指标的个数；N_i 为相对应的与状态相关的第 i 种指标的数据归一化值，$0 \leq N_i \leq 1$；W_i 为指标 i 的权重，通过层次分析法求得。

综合响应指数反映整个红树林生态系统的响应状况，可根据以下公式计算：

$$CRI = 100 \cdot \sum_{i=1}^{n} W_k \cdot N_k \tag{8.11}$$

式中：n 为与响应相关的评价指标的个数；N_k 为相对应的与响应相关的第 k 种指标的数据归一化值，$0 \leq N_k \leq 1$；W_k 为指标 k 的权重，通过层次分析法求得。

根据综合健康指数的数值结合红树林湿地的实际情况，依据 CHI 值将各红树林生态系统的健康状况划分为很健康、健康、亚健康及不健康 4 个健康等级。

其中，当 CHI≥80 时，表明人类活动对红树林生态系统的影响很小，红树林生态系统所受的外部环境压力非常小。在红树林生态系统中，红树植物群落结构良好、物种多样性极为丰富，红树林所处的自然环境条件也非常优越，同时保护区及社会各界对红树林生态系统的保护给予了非常积极的响应，此时红树林生态系统本身具有非常强的活力而且面对外界环境的压力也拥有非常强的抗干扰能力和恢复力，能够面对强大的外界压力影响。总体而言，在 CHI≥80 情况下，红树林生态系统的生态功能极其完善，系统极稳定，处于可持续状态，可以作为其他红树林样地进行健康恢复的标准样板及科学研究的典型实验基地。

当 60≤CHI<80 时，表明人类活动对红树林生态系统的影响较小，红树林生态系统所受的外部环境压力较小。在红树林生态系统中，红树植物生长茂盛，群落结构较好，物种多样性较为丰富，红树林所处的自然环境条件较为优越，整个红树林生态系统的状态良好；同时保护区及社会各界对红树林生态系统的保护给予了比较积极的响应。此时红树林生态系统本身具有很强的活力，而且面对外界环境的压力也拥有较强的抗干扰能力和恢复力，能够面对较强的外界压力影响红树林生态系统的生态功能很完善，系统很稳定，处于可持续状态，红树林生态系统的健康状况为健康。

当 40≤CHI<60 时，表明人类活动对红树林生态系统有一定的影响，红树林生态系统受到一定的外部环境压力。在红树林生态系统中，红树植物生长状况较差，群落结构一般，物种多样性较差，同时红树林所处的自然环境条件一般，整个红树林生态系统的状态较差；保护区及社会各界对红树林生态系统的保护给予了较少的响应。此时红树林生态系统本身具有一定的活力，但面对外界环境的压力的抗干扰能力和恢复力较差，面对外界压力的影响其生态韧性较差。红树林生态系统结构尚能稳定，可发挥基本的生态功能，但已有少量的生态异常出现，整个生态系统勉强维持，红树林生态系统已开始退化健康状况为亚健康；但在这种情况下进行人工干预，加强红树林的保护，仍能使红树林恢复到健康的状态。

当 CHI<40 时，表明人类活动对红树林生态系统的影响很大，红树林生态系统所受的外部环境压力很大。在红树林生态系统中，树植物生长状况很差，群落结构相对较差，物种多样性很差，红树林所处的自然环境条件很差，整个红树林生态系统的状态很差，同时保护区及社会各界对红树林生态系统的保护给予了很少的响应。此时红树林生态系统本身的活力较差，而且面对外界环境的压力抗干扰能力和恢复力屡弱，无法面对外界压力的影响。红树林生态系统活力很低，生态异常大面积出现，整个系统的可持续性丧失，红树林生态系统已经严重退化，健康状况为不健康。

图 8.2 和图 8.3 分别为 CHI、CPI、CSI、CRI 统计学结果及分布图，其中 CPI、CSI、CRI 去除权重影响（满分为 100），CPI 均值为 52.3，而 CSI、CRI 均值分别为 62.7 和 73.2，整体处于中等偏上水平，说明评价区域整体综合压力较大，而综合状态和响应水平较好；而 CHI 均值为 57.6，分布在 46.2～63.8，整体处于中等水平，根据生态系统健康状况的等级划分，研究区生态系统多数区域处于亚健康状态，少数区域达到健康状态的较低水平，仅有极少区域处于不健康状态，说明在当下评价系统中，巨大的外部压力使整个东寨港红树林生态系统都处于健康-亚健康的临界状态。值得注意的是 CPI 存在较低异常值的点集中分布于演丰东河下游山尾头村附近，这与整个区域CHI最低的区域高度重合，说明这一区域综合压力指数远小于其他区域，即巨大的外部压力已迫近该区域红树林生态系统承受能力上限，而其他三条河 CPI 处于正常范围。研究区 CSI 体现为演丰东河较高、演丰西河较低、三江河和演州河处于中等水平；研究区 CRI 较低点都集中分布于河流上游或人类活动较为密集区域，具有明显空间离散性。该结果是因为响应指数计算中社会情况和研究区情况参考相关政策划分区域，相邻区域分数有较大差异，但由于综合

响应指数权重较低，对 CHI 分布规律影响较小；区域 CHI 分布情况与 CPI 大致一致，演丰东河 CHI 整体较低，演丰西河和潴州河 CHI 整体较高，三江河 CHI 整体处于中等水平，并且均呈现上游区域高于下游区域的趋势。

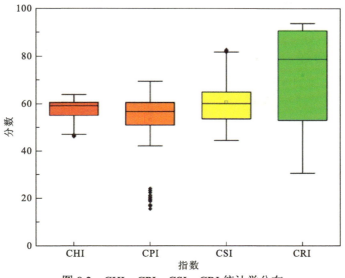

图 8.2　CHI、CPI、CSI、CRI 统计学分布

图 8.4 为东寨港红树林生态系统综合健康指数评价结果。东寨港红树林生态系统多数区域处于亚健康状态，少数区域达到健康状态的较低水平，仅有极少区域处于不健康状态，表明在当下评价系统中，巨大的外部压力使得整个东寨港红树林生态系统都处于健康-亚健康的临界状态。健康区域主要分布于演丰西河下游和三江河中下游，而演丰河上游、演丰东河、潴州河周边区域综合健康状态为亚健康状态，仅有演丰东河下游山尾头村附近区域达到了不健康状态。上述结果为进一步根据各个区域的生态综合健康情况提出针对性修复措施提供了依据。

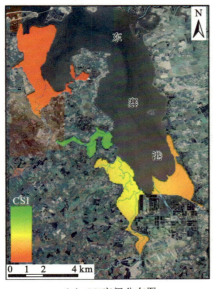

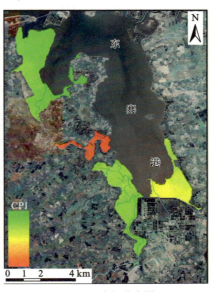

（a）CSI空间分布图　　　　　　　　（b）CPI空间分布图

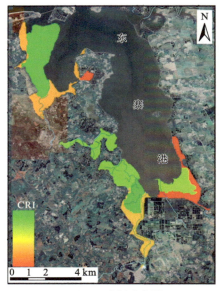
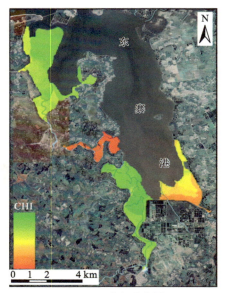

（c）CRI空间分布图　　　　　　　（d）CHI空间分布图

图 8.3　东寨港红树林生态系统健康评价结果

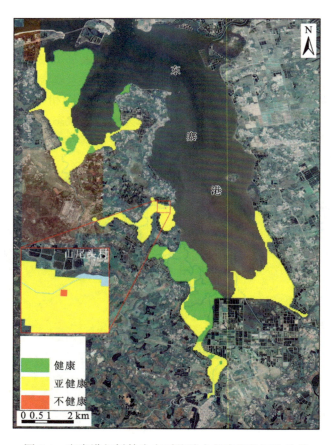

图 8.4　东寨港红树林生态系统综合健康指数评价结果

8.2 红树林湿地保护及修复对策建议

8.2.1 现有保护措施实施情况综述

近年来以海南东寨港国家级自然保护区管理局为主体的政府机构重点对保护区内生态脆弱、退化区域及地带大力开展生态修复，具体措施包括以下几个方面。

1. 退塘还林

对非法新增养殖面积及时整改，减少养殖鱼塘的增加，同时对红树林周围的鱼塘进行清理，并开始种植红树林幼苗。通过卫星遥感监测发现，部分鱼塘用地已经开始种植红树林幼苗。政府部门及时对新增违规扩大养殖池塘养殖闸门、堤岸及附属管理房等设施进行拆除，完成退塘还林。有关部门在整治新增违规养殖面积的同时，也逐步对保护区成立之前的养殖区域实施退养工作。

2. 人工造林

除退塘还林措施之外，政府也积极推动在河流两岸进行人工造林，增加红树林生长面积，例如在演丰东河两岸，开展了大面积红树林幼苗的人工种植，同时建造护堤保护幼苗生长；在演丰西河附近，选取了多块适合红树林生长的地方进行人工造林，同时对这些红树林幼苗设立保护区，设置警示牌，禁止游船、渔船等靠近或进入。

3. 设立生态监测站

目前在演丰东河流域建设了 1 个固定式水质在线自动监测标准站、10 个可移动式水质在线自动监测站、6 艘浮船式水质在线自动监测站、5 个大气负氧离子监测点。这些设备的引进和使用，是海南省乃至国内自然保护区中首次引进并应用于开展河流水质线上实时监测，为保护区水质监测提供了科学数据。同时，建设了东寨港生态环境警示教育基地，通过对湿地水、大气环境的监测，借助图文展示、声光系统、沙盘模拟、模型表现等手段，展示湿地的前世今生，达到旅游教育的目的，有效提升了群众保护红树林湿地的意识。

4. 宣传教育

海南东寨港国家级自然保护区管理局（以下简称保护区管理局）充分发挥保护区内红树林教育展厅优势，为来访者提供科普讲解服务，与多所大学合作对红树林进行保护研究，同时与多个国家的科研机构合作，开展绿色生态科普夏令营。保护区管理局编制实施了《2016—2018 年社区共管计划》，通过开展社区调查、走进社区村庄举办法律法规宣传讲座、开展助学和帮扶活动等，取得了很好的社会效益，达到了保护区协作共管的目的。除此之外，保护区管理局对当地居民也进行了广泛而深入的宣传教育，在对当地居民的采访和交流中得知当地居民对红树林的保护意识较高。此外，监测警示教育基地还可与学校合作，对中小学生进行生态环保知识教育，强化中小学生的环保意识，打下生态环境保护的思想烙印。

同时，也发现了对东寨港红树林保护区实施相关保护措施的不足，总结如下。

1. 退塘还林监管力度不够

自 2013 年东寨港红树林保护片区开始退塘还林,高位南美白对虾塘等水产养殖片区的环境保护问题引起关注。目前针对鱼塘养殖的监督已有成效，比如取缔东寨港保护区范围的非法养殖生蚝工作、整治保护区周边直径距离 50 m 范围内的养鸭场和养猪场污染。但监督依然存在疏漏，围海造田大规模建立养殖场的现象存在，其产生的污水废物直排入海，对海洋及周边环境带来严重污染。此外，尚未填塘到位的养殖塘列入"东寨港红树林退塘还林项目"实施范围，拟以政府与社会资本合作模式实施退塘还林，但其流程过于繁杂、推进周期过于漫长。

2. 围护和护堤工程能力有限

东寨港红树林自然保护区在政府支持下已经实施分区管理。2014 年海口市出台的《关于加强东寨港红树林湿地保护管理的决定》提出了对红树林进行分区保护和管理，划定生态红线，明确了东寨港红树林湿地分为东寨港保护区和依法划定的外围保护水域、三江湿地公园和红树林湿地景观控制区，同时将东寨港红树林保护区划分为核心区 1 635 hm²，缓冲区 1 167.1 hm²，实验区 535.6 hm²。2015 年东寨港保护区红树林边界线保护与设施建设设计通过评审，建议按 1.5 m 高度建立防护网，并按核心区和景观区进行分段实施。但是围栏立柱插深不足，基础埋深不够、体量不足，抗台风能力较差，存在区域护网被破坏、垃圾废水排放严重等问题。因此，必须用法律制约这些不良行为，落实红树林保护的主体责任制，全面提升红树林生态系统的质量及保护的稳定性。此外，在演丰东河等区域建设了人工护堤，但护堤工程能力有限，造成红树林湿地抵抗自然灾害、极端气候的能力不足。

8.2.2 红树林湿地保护修复建议

根据研究调查结果，以"保护红树林湿地生态系统的连通性和完整性"为原则，提出"统筹规划，精准治理"的红树林湿地生态系统保护科学思想，从工程措施、政策公益、法律法规等方面形成红树林湿地系统退化及敏感区域的生态环境综合治理与修复对策，以期进一步加强红树林湿地的保护与修复，为海岸带生态保护与可持续发展提供重要支撑，促进人与自然的和谐共生，实现可持续发展。具体措施如下。

1. 工程措施方面

结合前文红树林湿地咸淡水交互过程及生源要素循环的研究认识，从优化红树林湿地生态安全格局、加强污染输入控制、建立红树林湿地保护屏障三方面提出了生态保护区规划、生态恢复与保护、污染物监测与排放控制、水资源管理与水动力控制四个维度共计九项红树林保护工程措施（表 8.16）。第一，优化红树林湿地生态安全格局。以红树林湿地生态系统的连通性和完整性为原则，优化东寨港四河两岸红树林湿地生态保护

表 8.16 基于"统筹规划、精准治理"思想的红树林保护工程措施及依据

分类		具体对策	依据
优化红树林湿地生态安全格局	生态保护区规划 优化红树林湿地生态保护红线	将生态评估为不健康状态的演丰东河下游山尾头村设置为核心保护区，设置生态保护红线；将评估结果为亚健康状态的演丰西河、演丰东河、演州河周边区域作为重点监测区，持续监测其生态环境状况	第 8 章：东寨港红树林生态系统多数处于亚健康状态，少数区域达到健康状态，仅有极少区域处于不健康状态。健康综合健康状态的较低水平，而演丰西河中下游、演丰东河上游、演州河，仅有演丰东河下游山尾头村附近区域达到不健康状态
	生态恢复与保护 保护先锋红树植物	开展红树林植被恢复工程，种植适宜的先锋红树种类（如木榄、红树属、角果木属、秋茄树属和竹节树属），改善植被覆盖度	第 2 章：先锋红树植物[木榄属（Bruguiera）]的生长改变水动力状况，使涨潮时携带的物质沉积，从而改变了土壤水分、盐分状况，为其他红树属[红树属（Rhizophora）、角果木属（Ceriops）、秋茄树属（Kandelia）和竹节树属（Carallia）]的生长创造了条件
	保护物种多样性	保护红树林区的生物多样性，维护健康的生态系统，防止生物种群单一化	第 2 章：红树物种以红海兰（Rhizophora stylosa）为主，生物多样性使得红树林生态系统更加复杂和稳定，有助于抵御外界扰动和自然灾害
加强污染输入控制	污染物监测与排放控制 控制工业和生物污染源排放	加强工业和生活污染源管控，减少含有高芳香度和多酚类化合物等有机物的污染物进入河流和红树林区	第 5 章：在上游河流、红树林区，微生物个少导向的高度不饱和富氧 CHOS 有机质高度不饱和富氧，芳香族水性有机分子 Mn 化降解驱动了高度不饱和的富集。多酚类、多酚类的吸附络合作用促进了 Mn 的过移性；此外，涨潮缺氧的环境中底栖锰还原菌利用锰氢氧化物作为终端电子受体，氧化高度不饱和富氧，脂类有机质，导致高度 Mn 释放于上覆地表水中
	建立养殖废水集中治理站	加快清理演丰东河及三江河河边的水产养殖，建立养殖废水集中治理站，对养殖鱼塘的养殖废水集中疏导排放，减少其对湿地生态环境的破坏，保护红树林的生长发育	第 7 章：过度富营养化会引起微生物和藻类的过度生长和繁殖，大量消耗水体和沉积物中的溶解氧。当溶解氧耗尽后，有机物质在厌氧条件下分解，对红树植物的呼吸根和幼苗的正常发育，甚至导致幼苗窒息死亡。氨氮和硝酸盐的去除作用，当地水体被富含 DOC、氨氮和硝酸盐。与养殖废水污染时，虽然红树林湿地对硝酸盐有明显的去除作用，但红树林湿地地下水向地表水排泄的 DOC 和氨氮含量显著增大，对地表水环境产生负面影响
	加强关键环境因子监测	分区加强溶解氧等环境因子及 TOC、TS、TN 和 SO_4^{2-} 等组分的检测，监测 CH_4、H_2S、NH_4^+ 等对红树林具有毒害作用的关键组分含量	第 6 章：控制东寨港光滩和红树林沉积物中硫还原过程的环境因子存在差异。东寨港光滩区域沉积物中，TOC、TS、TN 和 SO_4^{2-} 对硫还原过程主要为抑制作用，盐度和 P 对硫还原过程主要为促进作用。东寨港红树林区域沉积物中，Fe 对硫还原过程主要为抑制作用，TOC、TN 和 SO_4^{2-} 对硫还原过程主要为促进作用

分类		具体对策	依据
建立红树林湿地保护屏障	水资源管理与水动力控制	修建堤坝或护岸	在水动力作用较强的区域,采取人工修建堤坝或护岸,减缓水动力对红树林的侵蚀,从而保护红树林的生长环境	第 2 章:遥感解译结果显示水动力作用越强,即红树林生长状况越差。水动力作用相对较小的区域的红树林生长也相对较好
		控制地下水排泄	通过河岸沉积物介质整治、调节地下水开采规模等工程措施,控制地下水排泄量	第 4 章:水盐运移模型中红树林生长范围内的地下水排泄区与地下水排泄范围一致,红树林湿地内的地下水排泄作为重金属(粉质黏土)的影响下,红树林育产生负面影响。在红树林湿地低渗透介质根系范围内咸水循环在空间上是独立的,其排放特征主要受潮汐、地形和地表含水层异质性控制 第 7 章:有氧呼吸、反硝化、反硝化好氧硫化物氧化过程均主要发生在淤泥黏土层,反应热区也是地下水流速相对较大的区域。硫酸盐还原反应区分布在所有有层位,其中铁还原反应热区主要位于粉质黏土层,硫酸盐还原区位于浅泥质黏土层和粉质黏土层交界带
		保持红树林湿地水文连通性	通过疏浚河道等工程措施合理调控河流和湿地的水流量,维持红树林湿地的自然水文条件	第 5 章:沿河流、红树林-近海连续体系盐度梯度,地表水和孔隙水 DOM 元素比值,分子式和化学结构类型均呈现高度的空间异质性特征 第 7 章:进入红树林湿地含水层的低分子 DOC 主要来自海洋和沉积有机质降解,分别占 52.0% 和 44.8%,其余 3.2% 来自陆源地下水输入。进入湿地的低分子 DOC 中有 71.2% 参与各类微生物反应,反应速率相对较快的反硝化过程和有氧呼吸过程分别消耗了 50.2% 和 48.0%。估算东寨港红树林湿地每年 DOC 产量为 1.24×10^6 mol,去除地表水体硝酸盐的总量为 2.37×10^6 mol

红线，保护先锋红树植物、保护物种多样性，加强对湿地环境容量和承载力的管控。第二，加强污染输入控制。加强关键环境因子监测，严格控制湿地范围内的水产养殖和耕地等建设项目，尤其加快清理演丰东河及三江河周边的水产养殖，在杜绝使用杀菌药物的前提下集中处理水产养殖废水，防止养殖废水入渗至地下水进一步进入红树林生态系统。第三，建立红树林湿地保护屏障。现存的人工护堤主要分布在演丰东河两岸，同样也要在水动力作用强烈、红树林斑块较为破碎的三江河和演州河河口设置人工护堤，减少红树林生长岸线侵蚀。同时，也应从控制地下水排泄、保持红树林湿地水文连通性角度出发，加强红树林湿地的水资源管理与水动力控制，保护红树林水文生态环境。

2. 政策与公益方面

（1）将红树林生态保护纳入经济社会整体规划。将红树林保护纳入地方经济和社会发展的整体规划中，促进生态保护与经济发展的协调统一。制定专门的红树林保护政策，明确红树林保护的具体目标、措施和责任，包括红树林保护区的设立和管理政策，以及对红树林保护的财政支持政策。建立生态补偿机制，对因保护红树林而受到经济损失的当地居民和企业进行合理补偿，激励其参与红树林湿地的生态保护。

（2）加强科学技术在红树林生态保护中的运用。当地村民对保护区的破坏主要在于频繁进入生态保护区域，采挖经济作物及海产品，影响红树林群落的分布与扩散。建议将科学技术运用到红树林湿地保护中，加强管理效率。如在水域上运用红外线自动报警系统，配合无人机巡逻与监控抓拍，能够及时预警，及时处理，既可以较为全面地保护红树林湿地，减少对红树林保护湿地的破坏，也可以打消村民的侥幸心理，预防当地村民进入保护区，有效阻止人为破坏因素，形成良性循环。采用多种水质指标传感器，对红树林湿地及周边水体进行营养物质、重金属指标监测，能够有效识别水质状况，保护红树林水生态质量。

（3）建设生态修复与渔业资源增养殖技术工程。红树林生态修复属于立地造林，难度极大，重金属污染土壤修复需要工程措施改善生境，且要多次补种复种，造林技术要求高、成本大。健康的红树林生态系统可以进行生态的自我维持和持续产出，如果能"以废治废"，则可大幅度地降低修复成本。例如，通过将废弃虾塘修复为红树林，利用天然生产力和饵料，增殖林下经济生物并实施可持续的资源采捕，可以实现生态系统的不断改善和经济生物的持续产出，从而保护和修复好红树林，充分发挥其生态系统功能，将生态优势变成经济优势，使红树林成为"金树林"。

（4）推动志愿服务，举办志愿活动，推动公众参与。搭建公众参与的平台，鼓励公民、企业和非政府组织参与红树林保护项目，提供捐赠和志愿服务等多种形式的支持。加强保护区周边镇区的总体规划、产业规划、生态环保规划及衔接，完善污水处理、垃圾处理等环境基础设施，组织开展国内外志愿服务活动，以实践教育为载体、志愿服务为平台，推进国内外青年交流，通过红树林种植、采种育苗及幼林抚育、海岸线垃圾清理、文化交流等极具教育和宣传意义而又丰富多彩的活动，提升海南的国际影响力，树立生态环境保护的国际影响，唤起国际社会和公众社会积极参与红树林保护意识，支撑红树林湿地生态事业的长远发展。

3. 法律法规方面

（1）加强立法保护与社会监督。制定和完善红树林保护的相关法律法规，明确红树林的法律地位和保护要求，禁止任何形式的破坏行为，坚持严管重罚，公告在先，警告其次，重则惩罚，强化环境综合整治。"立法保护"就是用人大立法的方式对海南东寨港红树林湿地实施长远根本性制度保护；"社会监督"即让人大立法公布于众，让普通民众、社会各界来监督执行。

（2）以"河长制"推进流域统筹保护。践行流域治理模式，实现上下游、左右岸生态保护统筹；建立巡护检查制度，严厉打击保护区内非法猎捕、捕捞、毁林占地等行为，加强对红树林保护法律法规的执法力度；贯彻"河长制"规定，强化多部门联合执法体系建设，对破坏红树林的行为进行严厉处罚，确保法律法规的有效实施。

（3）禁用有毒农药，控制污染排放。在调整农业生产结构的同时，大力推广有机复合肥的使用，加大生物肥开发力度，禁止使用有机氯等高毒、高残留农药，取缔不合规定的农药生产，从源头上控制重金属和生物毒素等有害物质的监控。加强对污染源的管理和治理，制定工业污染物的排放标准，严格监测相关工业的污染物排放，提高公司的创新理念，积极开展绿色环保的新能源改革，实现污染物的零排放。

（4）限制红树林湿地开发规模。对现有的红树林进行严格保护，并开展科学研究和生态恢复工作，在任何涉及红树林区域的开发项目启动之前，必须进行严格的环境影响评估，确保项目不会对红树林生态系统造成不可逆的破坏。建立红树林生态系统的长期监测与评估机制，定期评估红树林的生态状况和保护效果，为政策制定和调整提供科学依据。

参 考 文 献

胡甜, 谢先军, 严璐, 等, 2022. 东寨港流域地表水水化学组成特征及其成因. 安全与环境工程, 29(1): 154-162.

李海龙, 万力, 焦赳赳, 2011. 海岸带水文地质学研究中的几个热点问题. 地球科学进展, 26(7): 685-694.

李海龙, 王学静, 2015. 海底地下水排泄研究回顾与进展. 地球科学进展, 30(6): 636-646.

李庆芳, 章家恩, 刘金苓, 等, 2006. 红树林生态系统服务功能研究综述. 生态科学, 25(5): 472-475.

刘笑菡, 张运林, 殷燕, 等, 2012. 三维荧光光谱及平行因子分析法在 CDOM 研究中的应用. 海洋湖沼通报, 34(3): 133-145.

王友绍, 2021. 全球气候变化对红树林生态系统的影响、挑战与机遇. 热带海洋学报, 40(3): 1-14.

徐海岩, 颜望明, 1994. 无机硫化合物的微生物氧化. 微生物学通报, 21(3): 167-172.

杨宁, 赵晶, 王玉桥, 等, 2009. 西太平洋 "暖池" 深海沉积物中异化型亚硫酸盐还原酶基因多样性分析. 海洋学报, 31(4): 78-86.

张莉, 郭志华, 李志勇, 2013. 红树林湿地碳储量及碳汇研究进展. 应用生态学报, 24(4): 1153-1159.

张乔民, 隋淑珍, 2001. 中国红树林湿地资源及其保护. 自然资源学报, 16(1): 28-36.

张瑜斌, 曹卉, 庄铁诚, 等, 2003. 红树林固氮微生物研究进展. 海洋通报, 22(6): 79-82.

周炳中, 杨浩, 包浩生, 等, 2002. PSR 模型及在土地可持续利用评价中的应用. 自然资源学报, 17(5): 541-548.

Al-Raei A M, Bosselmann K, Böttcher M E, et al., 2009. Seasonal dynamics of microbial sulfate reduction in temperate intertidal surface sediments: controls by temperature and organic matter. Ocean Dynamics, 59(2): 351-370.

Alfaro-Espinoza G, Ullrich M S, 2015. Bacterial N_2-fixation in mangrove ecosystems: insights from a diazotroph-mangrove interaction. Frontiers in Microbiology, 6: 445.

Allison S D, Lu Y, Weihe C, et al., 2013. Microbial abundance and composition influence litter decomposition response to environmental change. Ecology, 94(3): 714-725.

Alongi D M, 2020. Nitrogen cycling and mass balance in the world's mangrove forests. Nitrogen, 1(2): 167-189.

Anselin A, Meire P M, Anselin L, 1989. Multicriteria techniques in ecological evaluation: an example using the analytical hierarchy process. Biological Conservation, 49(3): 215-229.

Arora B, Dwivedi D, Hubbard S S, et al., 2016. Identifying geochemical hot moments and their controls on a contaminated river floodplain system using wavelet and entropy approaches. Environmental Modelling & Software, 85: 27-41.

Asmala E, Autio R, Kaartokallio H, et al., 2014. Processing of humic-rich riverine dissolved organic matter by estuarine bacteria: effects of predegradation and inorganic nutrients. Aquatic Sciences, 76(3): 451-463.

Balay S, Abhyankar S, Adams M, et al., 2019. PETSc users manual. Argonne National Laboratory.

Barnes R T, Sawyer A H, Tight D M, et al., 2019. Hydrogeologic controls of surface water-groundwater nitrogen dynamics within a tidal freshwater zone. Journal of Geophysical Research: Biogeosciences, 124(11): 3343-3355.

Blazevic A, Orlowska E, Kandioller W, et al., 2016. Photoreduction of terrigenous Fe-humic substances leads to bioavailable iron in oceans. Angewandte Chemie International Edition, 55(22): 6417-6422.

Bosatta E, Ågren G I, 1995. The power and reactive continuum models as particular cases of the q-theory of organic matter dynamics. Geochimica et Cosmochimica Acta, 59(18): 3833-3835.

Bourbonniere R A, Meyers P A, 1996. Anthropogenic influences on hydrocarbon contents of sediments deposited in eastern Lake Ontario since 1800. Environmental Geology, 28(1): 22-28.

Bozi B S, Figueiredo B L, Rodrigues E, et al., 2021. Impacts of sea-level changes on mangroves from southeastern Brazil during the Holocene and Anthropocene using a multi-proxy approach. Geomorphology, 390: 107860.

Brooks J D, Gould K, Smith J W, 1969. Isoprenoid hydrocarbons in coal and petroleum. Nature, 222: 257-259.

Cawley K M, Wolski P, Mladenov N, et al., 2012. Dissolved organic matter biogeochemistry along a transect of the Okavango Delta, Botswana. Wetlands, 32(3): 475-486.

Chen M L, Hur J, 2015. Pre-treatments, characteristics, and biogeochemical dynamics of dissolved organic matter in sediments: a review. Water Research, 79: 10-25.

Chen X G, Zhang F F, Lao Y L, et al., 2018. Submarine groundwater discharge-derived carbon fluxes in mangroves: an important component of blue carbon budgets?. Journal of Geophysical Research: Oceans, 123(9): 6962-6979.

Chen X Y, Hammond G E, Murray C J, et al., 2013. Application of ensemble-based data assimilation techniques for aquifer characterization using tracer data at Hanford 300 area. Water Resources Research, 49(10): 7064-7076.

Cogswell C, Heiss J W, 2021. Climate and seasonal temperature controls on biogeochemical transformations in unconfined coastal aquifers. Journal of Geophysical Research: Biogeosciences, 126(12): e2021JG006605.

Cohen M C L, Figueiredo B L, Oliveira N N, et al., 2020. Impacts of Holocene and modern sea-level changes on estuarine mangroves from northeastern Brazil. Earth Surface Processes and Landforms, 45(2): 375-392.

Cranwell P A, Eglinton G, Robinson N, 1987. Lipids of aquatic organisms as potential contributors to lacustrine sediments-II. Organic Geochemistry, 11(6): 513-527.

Dan S F, Liu S M, Yang B, et al., 2019. Geochemical discrimination of bulk organic matter in surface sediments of the Cross River estuary system and adjacent shelf, South East Nigeria (West Africa). Science of the Total Environment, 678: 351-368.

Das S, Pradhan B, Shit P K, et al., 2020. Assessment of wetland ecosystem health using the pressure-state-response (PSR) model: a case study of murshidabad district of West Bengal (India). Sustainability, 12(15): 5932.

De Boer W, Kowalchuk G A, 2001. Nitrification in acid soils: micro-organisms and mechanisms. Soil Biology and Biochemistry, 33(7/8): 853-866.

Derrien M, Brogi S R, Gonçalves-Araujo R, 2019. Characterization of aquatic organic matter: assessment, perspectives and research priorities. Water Research, 163: 114908.

Duke N C, Meynecke J O, Dittmann S, et al., 2007. A world without mangroves?. Science, 317(5834): 41-42.

Ellison J C, 2008. Long-term retrospection on mangrove development using sediment cores and pollen analysis: a review. Aquatic Botany, 89(2): 93-104.

Evans T B, White S M, Wilson A M, 2020. Coastal groundwater flow at the nearshore and embayment scales: a field and modeling study. Water Resources Research, 56(10): e2019WR026445.

Evans T B, Wilson A M, 2016. Groundwater transport and the freshwater-saltwater interface below sandy beaches. Journal of Hydrology, 538: 563-573.

Ferris J G, 1952. Cyclic fluctuations of water level as a basis for determining aquifer transmissibility, US Geological Survey. Washington D.C.

Foti M, Sorokin D Y, Lomans B, et al., 2007. Diversity, activity, and abundance of sulfate-reducing bacteria in saline and hypersaline soda lakes. Applied and Environmental Microbiology, 73(7): 2093-2100.

França M C, Alves I C C, Castro D F, et al., 2015. A multi-proxy evidence for the transition from estuarine mangroves to deltaic freshwater marshes, Southeastern Brazil, due to climatic and sea-level changes during the late Holocene. CATENA, 128: 155-166.

Fu H F, Zhang Y M, Ao X H, et al., 2019. High surface elevation gains and prediction of mangrove responses to sea-level rise based on dynamic surface elevation changes at Dongzhaigang Bay, China. Geomorphology, 334: 194-202.

Gan S C, Schmidt F, Heuer V B, et al., 2020. Impacts of redox conditions on dissolved organic matter (DOM) quality in marine sediments off the River Rhône, Western Mediterranean Sea. Geochimica et Cosmochimica Acta, 276: 151-169.

Gao J, Zhou W B, Li S W, et al., 2023. Construction and application of a groundwater overload evaluation system based on the PSR model. Sustainability, 15(5): 4007.

Ge J F, Qi Y L, Li C, et al., 2022. Fluorescence and molecular signatures of dissolved organic matter to monitor and assess its multiple sources from a polluted river in the farming-pastoral ecotone of northern China. Science of the Total Environment, 837: 154575.

Gelhar L W, Welty C, Rehfeldt K R, 1992. A critical review of data on field-scale dispersion in aquifers. Water Resources Research, 28(7): 1955-1974.

Gleeson J, Santos I R, Maher D T, et al., 2013. Groundwater-surface water exchange in a mangrove tidal creek: evidence from natural geochemical tracers and implications for nutrient budgets. Marine Chemistry, 156: 27-37.

Gonneea M E, Charette M A, 2014. Hydrologic controls on nutrient cycling in an unconfined coastal aquifer. Environmental Science & Technology, 48(24): 14178-14185.

Greskowiak J, 2014. Tide-induced salt-fingering flow during submarine groundwater discharge. Geophysical Research Letters, 41(18): 6413-6419.

Gu C H, Hornberger G M, Mills A L, et al., 2007. Nitrate reduction in streambed sediments: effects of flow and biogeochemical kinetics. Water Resources Research, 43(12): e2007WR006027.

Hammond G E, Lichtner P, Lu C, et al., 2012. PFLOTRAN: reactive flow and transport code for use on laptops to leadership-class supercomputers. Groundwater Reactive Transport Models, 5: 141-159.

Hammond G E, Lichtner P C, Mills R T, 2014. Evaluating the performance of parallel subsurface simulators:

an illustrative example with PFLOTRAN. Water Resources Research, 50(1): 208-228.

He C, Zhang Y H, Li Y Y, et al., 2020. In-house standard method for molecular characterization of dissolved organic matter by FT-ICR mass spectrometry. ACS Omega, 5(20): 11730-11736.

He Z W, Feng X, Chen Q P, et al., 2022. Evolution of coastal forests based on a full set of mangrove genomes. Nature Ecology & Evolution, 6(6): 738-749.

Hebting Y, Schaeffer P, Behrens A, et al., 2006. Biomarker evidence for a major preservation pathway of sedimentary organic carbon. Science, 312(5780): 1627-1631.

Heiss J W, Michael H A, 2014. Saltwater-freshwater mixing dynamics in a sandy beach aquifer over tidal, spring-neap, and seasonal cycles. Water Resources Research, 50(8): 6747-6766.

Heiss J W, Post V E A, Laattoe T, et al., 2017. Physical controls on biogeochemical processes in intertidal zones of beach aquifers. Water Resources Research, 53(11): 9225-9244.

Holloway C J, Santos I R, Tait D R, et al., 2016. Manganese and iron release from mangrove porewaters: a significant component of oceanic budgets?. Marine Chemistry, 184: 43-52.

Hu X J, Ma C M, Huang P, et al., 2021. Ecological vulnerability assessment based on AHP-PSR method and analysis of its single parameter sensitivity and spatial autocorrelation for ecological protection: a case of Weifang City, China. Ecological Indicators, 125: 107464.

Huang H F, Kuo J, Lo S L, 2011. Review of PSR framework and development of a DPSIR model to assess greenhouse effect in Taiwan. Environmental Monitoring and Assessment, 177: 623-635.

Huang X, Wang X, Li X, et al., 2018. Distribution pattern and influencing factors for soil organic carbon (SOC) in mangrove communities at Dongzhaigang, China. Journal of Coastal Research, 34(2): 434-442.

Hunter K S, Wang Y F, van Cappellen P, 1998. Kinetic modeling of microbially-driven redox chemistry of subsurface environments: coupling transport, microbial metabolism and geochemistry. Journal of Hydrology, 209(1/2/3/4): 53-80.

Jacinthe P A, Groffman P M, 2006. Microbial nitrogen cycling processes in a sulfidic coastal marsh. Wetlands Ecology and Management, 14: 123-131.

Jia Z J, Conrad R, 2009. Bacteria rather than Archaea dominate microbial ammonia oxidation in an agricultural soil. Environmental Microbiology, 11(7): 1658-1671.

Kim K H, Heiss J W, Geng X L, et al., 2020. Modeling hydrologic controls on particulate organic carbon contributions to beach aquifer biogeochemical reactivity. Water Resources Research, 56(10): e2020WR027306.

Knights D, Sawyer A H, Barnes R T, et al., 2017. Tidal controls on riverbed denitrification along a tidal freshwater zone. Water Resources Research, 53(1): 799-816.

Kodikara K A S, Jayatissa L P, Huxham M, et al., 2017. The effects of salinity on growth and survival of mangrove seedlings changes with age. Acta Botanica Brasilica, 32(1): 37-46.

Krauss K W, Cormier N, Osland M J, et al., 2017. Created mangrove wetlands store belowground carbon and surface elevation change enables them to adjust to sea-level rise. Scientific Reports, 7(1): 1030.

Kumar J, Collier N, Bisht G, et al., 2016. Modeling the spatiotemporal variability in subsurface thermal regimes across a low-relief polygonal tundra landscape. The Cryosphere, 10(5): 2241-2274.

LaRowe D E, van Cappellen P, 2011. Degradation of natural organic matter: a thermodynamic analysis.

Geochimica et Cosmochimica Acta, 75(8): 2030-2042.

Levenspiel O, 1980. The monod equation: a revisit and a generalization to product inhibition situations. Biotechnology and Bioengineering, 22(8): 1671-1687.

Li Q J, Chen S Z, Zhao R, 2020. Study on evaluation of timber security in China based on the PSR conceptual model. Forests, 11(5): 517.

Li S J, Liu C L, Ge C Z, et al., 2024. Ecosystem health assessment using PSR model and obstacle factor diagnosis for Haizhou Bay, China. Ocean & Coastal Management, 250: 107024.

Li Z Y, Pan F, Xiao K, et al., 2022. An integrated study of the spatiotemporal character, pollution assessment, and migration mechanism of heavy metals in the groundwater of a subtropical mangrove wetland. Journal of Hydrology, 612: 128251.

Lichtner P C, Hammond G E, Lu C, et al., 2015. PFLOTRAN User Manual.

Liu C, Kota S, Zachara J M, et al., 2001. Kinetic analysis of the bacterial reduction of goethite. Environmental Science & Technology, 35(12): 2482-2490.

Liu S D, Maavara T, Brinkerhoff C B, et al., 2022. Global controls on DOC reaction versus export in watersheds: a Damköhler number analysis. Global Biogeochemical Cycles, 36(4): e2021GB007278.

Liu Y, Jiao J J, Liang W Z, et al., 2017a. Hydrogeochemical characteristics in coastal groundwater mixing zone. Applied Geochemistry, 85: 49-60.

Liu Y, Jiao J J, Liang W Z, et al., 2017b. Tidal pumping-induced nutrients dynamics and biogeochemical implications in an intertidal aquifer. Journal of Geophysical Research: Biogeosciences, 122(12): 3322-3342.

Liu Y, Jiao J J, Liang W Z, 2018. Tidal fluctuation influenced physicochemical parameter dynamics in coastal groundwater mixing zone. Estuaries and Coasts, 41(4): 988-1001.

Liu Y N, Bisht G, Subin Z M, et al., 2016. A hybrid reduced-order model of fine-resolution hydrologic simulations at a polygonal tundra site. Vadose Zone Journal, 15(2): 1-14.

Lu X, Lu J Q, Yang X Z, et al., 2022. Assessment of urban mobility via a pressure-state-response (PSR) model with the IVIF-AHP and FCE methods: a case study of Beijing, China. Sustainability, 14(5): 3112.

Luvizotto D M, Araujo J E, de Cássia P Silva M, et al., 2019. The rates and players of denitrification, dissimilatory nitrate reduction to ammonia (DNRA) and anaerobic ammonia oxidation (anammox) in mangrove soils. Anais da Academia Brasileira de Ciências, 91(suppl 1): e20180373.

Maia F, Puigdomenech I, Molinero J, 2016. Modelling rates of bacterial sulfide production using lactate and hydrogen as energy sources. TR-16-05.

McIvor A L, Spencer T, Möller I, et al., 2013. The response of mangrove soil surface elevation to sea level rise. Natural Coastal Protection Series: Report 3. The Nature Conservancy and Wetlands International: 1-59.

Merritt M L, 2004. Estimating hydraulic properties of the Floridan aquifer system by analysis of earth-tide, ocean-tide, and barometric effects, Collier and Hendry Counties, Florida. Tallahassee, FL: U.S. Department of the Interior, U.S. Geological Survey.

Moffett K B, Gorelick S M, McLaren R G, et al., 2012. Salt marsh ecohydrological zonation due to heterogeneous vegetation-groundwater-surface water interactions. Water Resources Research, 48(2): e2011WR010874.

Moore W S, 2010. The effect of submarine groundwater discharge on the ocean. Annual Review of Marine Science, 2: 59-88.

Mori C, Santos I R, Brumsack H J, et al., 2019. Non-conservative behavior of dissolved organic matter and trace metals (Mn, Fe, Ba) driven by porewater exchange in a subtropical mangrove-estuary. Frontiers in Marine Science, 6: 481.

Nelson M B, Martiny A C, Martiny J B H, 2016. Global biogeography of microbial nitrogen-cycling traits in soil. PNAS, 113(29): 8033-8040.

Nguyen A T Q, Nguyen A M, Nguyen L N, et al., 2021. Effects of CO_2 and temperature on phytolith dissolution. Science of the Total Environment, 772: 145469.

Norton J M, Alzerreca J J, Suwa Y, et al., 2002. Diversity of ammonia monooxygenase operon in autotrophic ammonia-oxidizing bacteria. Archives of Microbiology, 177(2): 139-149.

O'Donnell S, Nguyen T M H, Stimpson C, et al., 2020. Holocene development and human use of mangroves and limestone forest at an ancient Hong lagoon in the Tràng An Karst, Ninh Binh, Vietnam. Quaternary Science Reviews, 242: 106416.

Oni O E, Schmidt F, Miyatake T, et al., 2015. Microbial communities and organic matter composition in surface and subsurface sediments of the Helgoland mud area, North sea. Frontiers in Microbiology, 6: 1290.

Powell T G, McKirdy D M, 1973. Relationship between ratio of pristane to phytane, crude oil composition and geological environment in Australia. Nature Physical Science, 243: 37-39.

Punwong P, Selby K, Marchant R, 2018. Holocene mangrove dynamics and relative sea-level changes along the Tanzanian coast, East Africa. Estuarine, Coastal and Shelf Science, 212: 105-117.

Ravikumar S, Kathiresan K, Ignatiammal S T M, et al., 2004. Nitrogen-fixing azotobacters from mangrove habitat and their utility as marine biofertilizers. Journal of Experimental Marine Biology and Ecology, 312(1): 5-17.

Reading M J, Santos I R, Maher D T, et al., 2017. Shifting nitrous oxide source/sink behaviour in a subtropical estuary revealed by automated time series observations. Estuarine, Coastal and Shelf Science, 194: 66-76.

Reuther A, Kepner J, Byun C, et al., 2018. Interactive supercomputing on 40, 000 cores for machine learning and data analysis//2018 IEEE High Performance Extreme Computing Conference (HPEC). Waltham, MA, USA: IEEE: 1-6.

Richards L A, 1931. Capillary conduction of liquids through porous mediums. Physics, 1(5): 318-333.

Riley W J, Maggi F, Kleber M, et al., 2014. Long residence times of rapidly decomposable soil organic matter: application of a multi-phase, multi-component, and vertically resolved model (BAMS1) to soil carbon dynamics. Geoscientific Model Development, 7(4): 1335-1355.

Saaty T L, Tran L T, 2007. On the invalidity of fuzzifying numerical judgments in the analytic hierarchy process. Mathematical and Computer Modelling, 46(7/8): 962-975.

Sadat-Noori M, Santos I R, Tait D R, et al., 2017. High porewater exchange in a mangrove-dominated estuary revealed from short-lived radium isotopes. Journal of Hydrology, 553: 188-198.

Sandilyan S, Kathiresan K, 2014. Decline of mangroves: a threat of heavy metal poisoning in Asia. Ocean &

Coastal Management, 102: 161-168.

Santos I R, Bryan K R, Pilditch C A, et al., 2014. Influence of porewater exchange on nutrient dynamics in two New Zealand estuarine intertidal flats. Marine Chemistry, 167: 57-70.

Santos I R, Chen X G, Lecher A L, et al., 2021. Submarine groundwater discharge impacts on coastal nutrient biogeochemistry. Nature Reviews Earth & Environment, 2: 307-323.

Schmidt F, Koch B P, Elvert M, et al., 2011. Diagenetic transformation of dissolved organic nitrogen compounds under contrasting sedimentary redox conditions in the Black Sea. Environmental Science & Technology, 45(12): 5223-5229.

Schmidt F, Koch B P, Goldhammer T, et al., 2017. Unraveling signatures of biogeochemical processes and the depositional setting in the molecular composition of pore water DOM across different marine environments. Geochimica et Cosmochimica Acta, 207: 57-80.

Schwartz R C, Evett S R, Unger P W, 2003. Soil hydraulic properties of cropland compared with reestablished and native grassland. Geoderma, 116(1/2): 47-60.

Seidel M, Beck M, Riedel T, et al., 2014. Biogeochemistry of dissolved organic matter in an anoxic intertidal creek bank. Geochimica et Cosmochimica Acta, 140: 418-434.

Shen J P, Zhang L M, Di H J, et al., 2012. A review of ammonia-oxidizing bacteria and archaea in Chinese soils. Frontiers in Microbiology, 3: 296.

Shi L, Jiao J J, 2014. Seawater intrusion and coastal aquifer management in China: a review. Environmental Earth Sciences, 72(8): 2811-2819.

Smith N W, Shorten P R, Altermann E, et al., 2019. A mathematical model for the hydrogenotrophic metabolism of sulphate-reducing bacteria. Frontiers in Microbiology, 10: 1652.

Song G B, Chen Y, Tian M R, et al., 2010. The ecological vulnerability evaluation in southwestern mountain region of China based on GIS and AHP method. Procedia Environmental Sciences, 2: 465-475.

Srivastava J, Farooqui A, Seth P, 2019. Pollen-vegetation relationship in surface sediments, Coringa mangrove ecosystem, India: palaeoecological applications. Palynology, 43(3): 451-466.

Stieglitz T, 2005. Submarine groundwater discharge into the near-shore zone of the Great Barrier Reef, Australia. Marine Pollution Bulletin, 51(1/2/3/4): 51-59.

Tait D R, Maher D T, Sanders C J, et al., 2017. Radium-derived porewater exchange and dissolved N and P fluxes in mangroves. Geochimica et Cosmochimica Acta, 200: 295-309.

Tamura T, Saito Y, Sieng S, et al., 2009. Initiation of the Mekong River Delta at 8 ka: evidence from the sedimentary succession in the Cambodian lowland. Quaternary Science Reviews, 28(3/4): 327-344.

Tang Y Q, Yu G R, Zhang X Y, et al., 2018. Changes in nitrogen-cycling microbial communities with depth in temperate and subtropical forest soils. Applied Soil Ecology, 124: 218-228.

Tang Y Q, Zhang X Y, Li D D, et al., 2016. Impacts of nitrogen and phosphorus additions on the abundance and community structure of ammonia oxidizers and denitrifying bacteria in Chinese fir plantations. Soil Biology and Biochemistry, 103: 284-293.

Taniguchi M, Dulai H, Burnett K M, et al., 2019. Submarine groundwater discharge: updates on its measurement techniques, geophysical drivers, magnitudes, and effects. Frontiers in Environmental Science, 7: 141.

Tarpgaard I H, Røy H, Jørgensen B B, 2011. Concurrent low- and high-affinity sulfate reduction kinetics in marine sediment. Geochimica et Cosmochimica Acta, 75(11): 2997-3010.

Tfaily M M, Hamdan R, Corbett J E, et al., 2013. Investigating dissolved organic matter decomposition in northern peatlands using complimentary analytical techniques. Geochimica et Cosmochimica Acta, 112: 116-129.

Todd D K, Mays L W, 2003. Groundwater hydrology: conceptual and computational models. New York: John Wiley & Sons.

Toledo G, Bashan Y, Soeldner A, 1995. In vitro colonization and increase in nitrogen fixation of seedling roots of black mangrove inoculated by a filamentous cyanobacteria. Canadian Journal of Microbiology, 41(11): 1012-1020.

Van Breukelen W, van der Vlist R, Steensma H, 2004. Voluntary employee turnover: combining variables from the 'traditional' turnover literature with the theory of planned behavior. Journal of Organizational Behavior, 25(7): 893-914.

Van Genuchten M T, 1980. A closed-form equation for predicting the hydraulic conductivity of unsaturated soils. Soil Science Society of America Journal, 44(5): 892-898.

Varon-Lopez M, Dias A C F, Fasanella C C, et al., 2014. Sulphur-oxidizing and sulphate-reducing communities in Brazilian mangrove sediments. Environmental Microbiology, 16(3): 845-855.

Voss C I, Provost A M, 2002. SUTRA: A model for 2D or 3D saturated-unsaturated, variable-density ground-water flow with solute or energy transport. Water-Resources Investigations Report 2002-4231.

Wadnerkar P D, Batsaikhan B, Conrad S R, et al., 2021. Contrasting radium-derived groundwater exchange and nutrient lateral fluxes in a natural mangrove versus an artificial canal. Estuaries and Coasts, 44: 123-136.

Wallace C D, Sawyer A H, Soltanian M R, et al., 2020. Nitrate removal within heterogeneous riparian aquifers under tidal influence. Geophysical Research Letters, 47(10): e2019GL085699.

Wang B Z, Zhao J, Guo Z Y, et al., 2015. Differential contributions of ammonia oxidizers and nitrite oxidizers to nitrification in four paddy soils. The ISME Journal, 9(5): 1062-1075.

Wang F F, Xiao K, Santos I R, et al., 2022a. Porewater exchange drives nutrient cycling and export in a mangrove-salt marsh ecotone. Journal of Hydrology, 606: 127401.

Wang J, Wang Y, Lin G, 2024. Study on rural classification and resilience evaluation based on PSR model: a case study of Lvshunkou district, Dalian City, China. Sustainability, 16(15): 6708.

Wang L, Liu Y Y, Ding F F, et al., 2022b. Occurrence and cross-interface transfer of phthalate esters in the mangrove wetland in Dongzhai Harbor, China. Science of the Total Environment, 807: 151062.

Wang Q, Li S Q, Li R R, 2019. Evaluating water resource sustainability in Beijing, China: combining PSR model and matter-element extension method. Journal of Cleaner Production, 206: 171-179.

Wang Y T, Wang Y S, Wu M L, et al., 2021. Assessing ecological health of mangrove ecosystems along South China Coast by the pressure-state-response (PSR) model. Ecotoxicology, 30(4): 622-631.

Williams M D, Oostrom M, 2000. Oxygenation of anoxic water in a fluctuating water table system: an experimental and numerical study. Journal of Hydrology, 230(1/2): 70-85.

Wilson A M, Morris J T, 2012. The influence of tidal forcing on groundwater flow and nutrient exchange in a salt marsh-dominated estuary. Biogeochemistry, 108(1): 27-38.

Wu Z J, Zhu H N, Tang D H, et al., 2021. Submarine groundwater discharge as a significant export of dissolved inorganic carbon from a mangrove tidal creek to Qinglan Bay (Hainan Island, China). Continental Shelf Research, 223: 104451.

Xia Y Q, Li H L, 2012. A combined field and modeling study of groundwater flow in a tidal marsh. Hydrology and Earth System Sciences, 16(3): 741-759.

Xiao K, Li H L, Shananan M, et al., 2019a. Coastal water quality assessment and groundwater transport in a subtropical mangrove swamp in Daya Bay, China. Science of the Total Environment, 646: 1419-1432.

Xiao K, Pan F, Santos I R, et al., 2022. Crab bioturbation drives coupled iron-phosphate-sulfide cycling in mangrove and salt marsh soils. Geoderma, 424: 115990.

Xiao K, Wilson A M, Li H L, et al., 2019b. Crab burrows as preferential flow conduits for groundwater flow and transport in salt marshes: a modeling study. Advances in Water Resources, 132: 103408.

Xiao K, Wu J P, Li H L, et al., 2018. Nitrogen fate in a subtropical mangrove swamp: potential association with seawater-groundwater exchange. Science of the Total Environment, 635: 586-597.

Xin P, Kong J, Li L, et al., 2012. Effects of soil stratigraphy on pore-water flow in a creek-marsh system. Journal of Hydrology, 475: 175-187.

Xu X J, Chen C, Lee D J, et al., 2013. Sulfate-reduction, sulfide-oxidation and elemental sulfur bioreduction process: modeling and experimental validation. Bioresource Technology, 147: 202-211.

Xu Y Y, Liu H Z, Jia C Z, 2023. Evaluation of the environmental effects of dew evaporation based on the PSR model. Air Quality, Atmosphere & Health, 16(2): 311-325.

Yan L, Xie X J, Peng K, et al., 2021. Sources and compositional characterization of chromophoric dissolved organic matter in a Hainan tropical mangrove-estuary. Journal of Hydrology, 600: 126572.

Yan Z Z, Sun X L, Xu Y, et al., 2017. Accumulation and tolerance of mangroves to heavy metals: a review. Current Pollution Reports, 3(4): 302-317.

Yang K N, Luo S W, Hu L G, et al., 2020. Responses of soil ammonia-oxidizing bacteria and archaea diversity to N, P and NP fertilization: relationships with soil environmental variables and plant community diversity. Soil Biology and Biochemistry, 145: 107795.

Ying X, Zeng G M, Chen G Q, et al., 2007. Combining AHP with GIS in synthetic evaluation of eco-environment quality: a case study of Hunan Province, China. Ecological Modelling, 209(2/3/4): 97-109.

Yu G R, Jia Y L, He N P, et al., 2019. Stabilization of atmospheric nitrogen deposition in China over the past decade. Nature Geoscience, 12: 424-429.

Zarnetske J P, Haggerty R, Wondzell S M, et al., 2012. Coupled transport and reaction kinetics control the nitrate source-sink function of hyporheic zones. Water Resources Research, 48(11): e2012WR011894.

Zhang J X, Lu C H, Shen C J, et al., 2021. Effects of a low-permeability layer on unstable flow pattern and land-sourced solute transport in coastal aquifers. Journal of Hydrology, 598: 126397.

Zhang L M, Hu H W, Shen J P, et al., 2012. Ammonia-oxidizing archaea have more important role than ammonia-oxidizing bacteria in ammonia oxidation of strongly acidic soils. The ISME Journal, 6(5): 1032-1045.

Zhang Z Z, Huang G R, 2024. Flood resilience assessment of metro station entrances based on the PSR model framework: a case study of the Donghaochong Basin, Guangzhou. Journal of Environmental Management, 366: 121922.

Zhou Y Q, Zhou L, Zhang Y L, et al., 2022. Unraveling the role of anthropogenic and natural drivers in shaping the molecular composition and biolability of dissolved organic matter in non-pristine lakes. Environmental Science & Technology, 56(7): 4655-4664.

Zilius M, Bonaglia S, Broman E, et al., 2020. N_2 fixation dominates nitrogen cycling in a mangrove fiddler crab holobiont. Scientific Reports, 10(1): 13966.

Zuberer D A, Silver W S, 1978. Biological dinitrogen fixation (acetylene reduction) associated with Florida mangroves. Applied and Environmental Microbiology, 35(3): 567-575.